物联网和机器视觉
在奶牛精准养殖中的研究及应用

刘忠超 ◉ 著

化学工业出版社

·北京·

本书从精准畜牧的观点出发，结合作者近年来的研究成果，介绍了奶牛精准养殖中相关技术的发展和应用，重点介绍了物联网和机器视觉技术在我国奶牛养殖中的研究和应用情况，力图给读者展现近年来我国奶牛精准养殖中信息化建设和研究的概况以及发展趋势。

本书既涉及理论与方法，又包含了奶牛精准养殖中的相关技术与装备的研制。本书可作为高等院校农业电气化及自动化等相关专业的参考书，也可作为农业科技人员自学参考使用。

图书在版编目（CIP）数据

物联网和机器视觉在奶牛精准养殖中的研究及应用/
刘忠超著. —北京：化学工业出版社，2019.12
ISBN 978-7-122-35898-1

Ⅰ.①物… Ⅱ.①刘… Ⅲ.①互联网络-应用-乳牛-
饲养管理-研究-中国②智能技术-应用-乳牛-饲养管理-研
究-中国③计算机视觉-应用-乳牛-饲养管理-研究-中国
Ⅳ.①S823.9

中国版本图书馆 CIP 数据核字（2019）第 282513 号

责任编辑：高墨荣　　　　　　　　　　装帧设计：刘丽华
责任校对：王素芹

出版发行：化学工业出版社（北京市东城区青年湖南街 13 号　邮政编码 100011）
印　　装：三河市延风印装有限公司
710mm×1000mm　1/16　印张 12　字数 233 千字　　2019 年 12 月北京第 1 版第 1 次印刷

购书咨询：010-64518888　　　　　　　售后服务：010-64518899
网　　址：http://www.cip.com.cn
凡购买本书，如有缺损质量问题，本社销售中心负责调换。

定　　价：68.00 元

近年来，随着我国畜牧业向标准化、集约化、规模化养殖的发展，在信息技术的推动下，我国的奶牛养殖正从传统落后的人工养殖向信息化、精准化养殖迈进。

本书分为 11 章，详细地介绍了笔者在奶牛精准养殖中相关研究内容和成果。第 1 章对精准养殖中奶牛个体信息监测及获取作了概要介绍；第 2 章介绍了物联网中嵌入式 Web 服务器的设计，以及 μIP 协议栈的精简与实现；第 3 章围绕着体温检测的重要性，介绍了精准养殖中奶牛体温检测的研究现状；第 4 章介绍了基于物联网的奶牛体温实时远程监测系统的设计与实现；第 5 章针对精准养殖中奶牛发情检测的重要性，介绍了国内外奶牛发情检测的相关研究及成果；第 6 章围绕精准养殖中奶牛发情的检测，介绍了基于奶牛阴道电阻变化的奶牛发情检测方法，并重点介绍了奶牛阴道植入式电阻传感器与无线监测系统设计；第 7 章介绍了基于物联网和云端的奶牛发情体征监测系统设计及实现方法；第 8 章介绍了一种双域分解的复杂环境下奶牛监测图像增强算法；第 9 章针对机器视觉技术在精准养殖中的应用，重点介绍了基于卷积神经网络的奶牛发情行为的识别和研究；第 10 章介绍了基于 ZigBee 和 Android 的牛舍养殖环境远程监测系统设计；第 11 章介绍了奶牛发情爬跨行为无线监测系统研究与设计。

通过本书的介绍，让广大科技工作者系统地了解奶牛精准养殖的发展体系，以及最新的一些科研和发展成果，也希望本书能够为促进我国畜牧业的信息化发展及建设贡献一点微不足道的力量。

本书由南阳理工学院刘忠超著，全书由何东健教授主审，在此表示衷心的感谢！书中的相关研究成果得到国家自然科学基金项目"大型动物行为模型与高级行为智能视频感知新方法研究"（编号：614732353）和"牛健康识别、环境控制及病死家畜无害化处理技术设备研发与应用示范"国家重点研发计划资助项目（编号：2017YFD0701603）资助。特此致谢！

在本书的写作过程中，笔者力求内容上深浅结合，给读者展现出近年来奶牛精准养殖中的相关研究成果，但由于水平和时间有限，书中难免有疏漏和不足之处，恳请广大读者批评指正。

著者

目 录

第8章 双域分解的复杂环境下奶牛监测图像增强算法研究 114

第 11 章　奶牛发情爬跨行为无线监测系统研究与设计　(173)

第1章
精准养殖中奶牛个体信息监测研究

奶牛养殖业是我国国民经济的重要组成部分，也是我国农民增收的重要途径，近年来得到了快速的发展，从传统的散养模式逐步过渡到向规模化、集约化养殖模式的发展。在传统养殖中主要依靠人工来监测，获取奶牛各种生理信息状况，需要大量的时间和精力，已远远不能满足现代化奶牛养殖业的发展，必须依靠以信息技术为支撑的精准养殖，实现奶牛养殖的自动化是现代规模化奶牛养殖的发展趋势。为此，本章围绕精准养殖中奶牛发情监测、行为监测、健康监测、个体识别、体况评分的研究应用现状，对国内外相关研究进行分析总结，并给出了未来的研究和发展方向。

1.1 奶牛发情监测

奶牛养殖中，及时准确地监测奶牛发情和预测排卵时间，可以确定配种适期，及时进行配种或人工授精，从而达到提高受胎率的目的。通过监测奶牛发情是否正常，还能有效地进行疫病监控和预防。奶牛发情时持续时间短，排卵速度快，如果发情时间把握不准或者漏检错过奶牛的发情期，从而导致错过最佳配种时间。因此及时、准确、高效地监测奶牛发情，可以提高奶牛怀孕概率、缩短胎间距，增加奶牛的产奶量。

1.1.1 奶牛发情人工监测

奶牛发情时其行为体征变化明显，主要有爬跨行为、鸣叫等，这些外部行为易被人们掌握。目前在我国的奶牛养殖中主要依靠人工观测奶牛发情，采用人工外部观察法、直肠检查法和阴道检查法，人工监测奶牛发情费事费力，技术要求高，同时需要操作人员具有丰富的实践经验，检出效率低。同时依靠人工对夜间奶牛行为的及时发现也是非常困难的事情。杨玉芹在对 370 头奶牛进行多年的观察可知有 90％的发情奶牛表现出站立发情症状。At-Taras 等在对总数为 120 头的奶牛利用观察法进行发情检测，结果表明检测效率在 54.4％～54.7％之间。

1.1.2 奶牛发情自动监测

传统人工监测奶牛发情不能满足现代化奶牛养殖场的需求，必须依靠信息技术才能满足精细畜牧业发展的要求。把信息技术引入奶牛养殖，用电子传感器监测、采集、记录奶牛的发情体征，准确判断奶牛发情时间，充分发挥良种奶牛的繁殖潜力，已经成为提升我国奶业综合生产能力、提高牛奶质量安全水平的重要手段。

目前国内外学者基于奶牛发情时外部和内部的生理体征变化，主要围绕奶牛发情时体温波动、活动量增加、爬跨行为增加、发出发情求偶声音等生理体征，通过相应的电子传感器、视频图像或声音采集监测发情体征来实现发情的自动监测。

V. S. Suthar 等在奶牛阴道植入包含温度采集、无线电接收设备的棒状无线遥测系统，对奶牛阴道温度实时监测并进行发情鉴定。田富洋等采用振动传感器、姿态传感器和温度传感器实时监测奶牛活动量、静卧时间和体温等参数，建立了基于神经网络的奶牛发情预测模型，发情准确率可达 100％，发情预测率达到 70％以上。Løvendahl 等将奶牛的运动简单划分为强运动和弱运动 2 类，通过累计 2 类运动在一天中的比例来判断是否发情。赵恒等设计了奶牛脊背便携太阳能体温主动被动爬跨发情报警器，能够准确区分奶牛爬跨发情现象。韩国 S. C. Yeon 等对 26 头奶牛的声信号进行观测，分析了奶牛发情状态下的声信号特征，采用声信号的持续时间、强度和共振峰作为特征参数，对奶牛的声信号分类识别的正确率可达 86.2％。Del 等通过在奶牛尾部着色，当奶牛发情有攀爬行为时会改变颜料形状或擦除颜料，可用图像识别算法自动判断颜料形状变化，从而自动监测奶牛发情行为。Tsai 等考虑到奶牛的群居习性，采用顶视摄像机开发了基于计算机视觉的发情监测辅助系统。

近年来国内外对奶牛发情系统的研究使奶牛发情监测自动化水平明显提高，我国中小规模养殖中主要还是依靠人工观测，大规模奶牛养殖中目前以色列阿菲金（Afimilk）公司的奶牛发情监测系统应用较多，还没有自己的成熟的自动化发情监测系统推广应用。但现有的研究应用中还存在着一些问题，需要在后续的研究中进一步深入解决：

① 目前国外产品（基于活动量的计步器）成本较高，同时用于准确确定排卵和输精时间还存在着局限性。

② 夜间发情的奶牛比较多，据统计观察夜间安静牛发情约占全部发情奶牛的 65％。同时产后 3 个月的奶牛也容易发生安静发情。仅靠单一活动量不能实现安静发情牛的发情预警。

③ 由于奶牛体表被厚毛发覆盖，体表无毛部位较少，无法牢固固定各类发情体征传感采集设备，而已有研究均没有找到特别合适的固定位置。目前的一些研究集中在瘤胃或者阴道植入式传感器设备的研究，植入式传感器的体积和能耗是研究的重点，也是亟待解决的问题。

1.2 奶牛行为监测 ◂◂◂

奶牛的行为比较复杂，通过行为监测分析可以了解奶牛身体和生理状况，以及养殖环境对其产生的影响。奶牛的行为主要有采食、反刍、发情、饮水等，而采食、反刍、发情行为是养殖人员最为关注的奶牛行为，通过监测这些行为模式的突变，可以及时发现奶牛疾病或对奶牛养殖环境进行调节。

1.2.1 奶牛采食行为监测

奶牛采食量是指单位时间内奶牛实际采食饲草（料）的数量，是影响奶牛身体发育以及牛奶产量的主要因素之一。均衡持续地提高奶牛的采食量能够使奶牛获得比较全面的营养，提高奶牛的产奶量，因此奶牛采食行为的监测对提高奶牛的养殖和生产具有重要意义。目前研究较多的是基于奶牛群体的测定，不能反映奶牛个体采食量。田富洋等通过高频反射涡流传感器实时检测奶牛颞窝部位的运动，设计了奶牛采食量检测仪，通过测量奶牛的吞咽次数可以计算出奶牛的采食量。吴洪宇等通过称重传感器和 ZigBee 网络，实现了奶牛个体采食量的测定。

1.2.2 奶牛反刍行为监测

奶牛一般在采食 45min 后开始反刍，良好的反刍是其健康生产的必备条件。传统主要靠人工监测奶牛反刍行为，成本较高，且容易产生误差。宋怀波等基于 Horn-Schunck 光流法计算奶牛反刍时的光流场，奶牛反刍时运动剧烈部位的光流场相对会较为密集，因此可以较好地找到反刍奶牛的嘴部，结果表明自动监测反刍奶牛嘴部的成功率达到 80％。Braun 等通过固定在奶牛鼻缰绳套管中的压力传感器感受奶牛反刍时下颚咀嚼的压力变化来计量奶牛的反刍次。Chen 等通过手动选取奶牛嘴部区域，采用 Mean Shift 算法实现了基于视频分析技术的奶牛反刍行为的监测。

奶牛的行为是多方面的，从目前的研究研究来看，主要集中在与奶牛生理比较密切的采食、反刍行为的自动监测方面，这些行为也是奶牛福利重点关注的内容，目前在我国的奶牛养殖中主要依靠饲养人员平时对奶牛行为的观察和记录来实现，目前采食和反刍行为的监测还没有上市的成熟的产品可以应用，大多处于研究之中。奶牛的采食和反刍行为嘴巴有明显的咀嚼动作，并伴有声音在其中，目前研究中所采用的传感器在奶牛嘴部都不便于安装，随着人工智能技术的不断发展，应深入研究音频技术和机器视觉技术在奶牛行为监测上的应用，可以无接触的实时对奶牛的行为进行监测。

1.3 奶牛健康监测

奶牛的健康直接关系到养殖经济效益、动物福利和食品安全，因此对奶牛的健康进行实时监测具有重要意义。从广义上来说奶牛健康可分为生理健康和情绪健康，生理健康主要针对奶牛身体发育以及疾病状况，而情绪健康主要关注奶牛的福利状况。通过奶牛的健康信息监测，能够提高奶牛的养殖效益。

1.3.1 奶牛生理健康监测

目前国内外对奶牛的生理健康监测，主要是通过传感器等信息采集传输设备来采集监测奶牛的直肠温度、电导率、产奶量、活动量等指标的变化，借助于体况评分和健康指数建立奶牛的健康预警系统。奶牛的心率和体温是传统意义上的生理健康状况重要指标，奶牛体温的实时检测对于奶牛的发情和疾病预防具有重要的参考意义。刘忠超等采用 DS18B20 数字温度传感器，基于无线 WiFi 和 STM32 单片机系统实现了奶牛体温的自动接触测量，并能将测量结果远传到 Android 手机平台。Eigenberg 等设计了奶牛的体温和呼吸频率传感器。Martinez 等与 Warren 等设计了一种能安置在瘤胃上的药丸式心电图节点来自动测量奶牛的心率。赵凯旋等观察奶牛呼吸过程中腹部变化明显这一特点，通过图像处理计算牛只呼吸频率，并根据单次呼吸耗时来检测呼吸是否异常，实验结果表明呼吸频率计算准确率为 95.863%，异常检测成功率为 89.06%。Y. Lee 等在奶牛的肩胛骨上下和颈部区，借助于手术将温度记录仪植入奶牛体内来实时监测奶牛的体温。何东健等以 PT100 热电阻为温度探头，设计了基于 ZigBee 网络的奶牛体温植入式传感器，实现了奶牛体温的无线实时监测。

1.3.2 奶牛情绪健康监测

奶牛的情绪健康能反映奶牛的养殖福利，奶牛的叫声是其情绪健康的重要指标。目前研究主要借助于音频分析技术提取奶牛在孤独、焦虑、恐惧、发情等不良情绪下的叫声特征，从而实现奶牛情绪健康的无损监测。Ikeda 等通过研究奶牛饥饿和与小牛分开这两种不同的声音特征，验证了借助声音表征奶牛情绪的可行性。Jahns 通过牛发情和饥饿声音信号特征，借助模式匹配法识别牛只日常叫声中所蕴含的饥饿及发情信息。Sara Ferrari 等通过奶牛不同声音的特征信号，设计了奶牛咳嗽声的自动识别系统，可以将奶牛的咳嗽声和养殖中其他的外界声音有效地分离出来。在通过声音表征奶牛的情绪研究中，应通过长期的观察研究，构造丰富的奶牛声音模式库，这也是实现奶牛叫声智能识别的关键。

从目前国内外关于奶牛健康的监测来看，生理健康的监测已经引起了我国学者的关注，相关的研究成果主要集中在体温和活动量的监测方面，主要借助于电子传感器通过与奶牛接触来采集相应的生理指标，但对于奶牛体型较大，目前还没有找到特别合适的位置来固定传感器，国内外有一些植入式传感器，主要植入奶牛的瘤胃内或者阴道，但这些需要长期留置于奶牛体内，会对奶牛造成应激不适。

在奶牛情绪健康关注方面，目前关注的还不够，应给予奶牛充分的福利，考虑其养殖环境的舒适性，让其在福利的环境中健康、愉悦地生长，使其生理处于完全健康的状态。同时要重点研究其情绪健康与奶牛生理特征之间的关系，其内部的生理特征不易采集实现自动监测，应重点通过其外在的生理体征，比如声音和行为特征变化，开发相应的智能采集装备和识别系统，来实现奶牛情绪健康的监控。

1.4　奶牛个体识别

奶牛精准养殖需要根据其个体差异进行科学的管理和饲养，奶牛的个体识别是实施精准养殖的关键，也是疫病监测防控、产品质量控制及动物溯源的需求。早期主要采用人工观察的方式来实现奶牛的个体识别，容易造成较高的误识别率。人工观察费时费力，需要对奶牛预先进行个体标记，常常采用的方法有以下几种：

① 给奶牛安装塑料或者尼龙耳标，这是早期人工观察使用比较广泛的一种方法；

② 采用皮肤烙号标识实现对奶牛的个体识别，烙号标识技术比较成熟，标识清晰，但操作不当容易对牛体造成伤害；

③ 采用颈环标识法。一般采用颈链或颈夹对奶牛进行暂时的个体标识，颈链或颈夹容易丢失和损坏，并且随着奶牛的生长，其尺寸也要做相应的调整，该

方法不易长久使用；

④ 刺墨标识法。主要是用针刺上号码，并在穿刺处涂以黑色的墨汁作为标记，该方法在奶牛刺号处皮肤变深色后比较难以辨认。

目前奶牛个体识别采用技术比较成熟的无线射频识别技术（RFID），该系统需要电子标签和阅读器，一般在奶牛耳部固定不同形状的电子标签，在阅读器可识别的范围内即可把电子标签中约定的奶牛个体信息读取出来。该方法成本比较高，需要给每头奶牛安装电子耳标，并且还受阅读器距离的影响无法实现远距离实时识别。

近年来，随着人工智能技术的发展，国内外学者对奶牛个体的自动识别进行了广泛的研究，主要基于音频和视频智能感知的非接触个体识别方法研究。赵凯旋等基于卷积神经网络，通过奶牛躯干区域图像实现了奶牛无接触的个体身份识别。有学者将技术比较成熟的条形码涂在奶牛背部特定区域，通过图形处理实现奶牛的个体识别，该方法虽然不对奶牛造成身体不适，但条形码需要人工涂制费时费力。

奶牛个体识别研究方向主要侧重于奶牛的哪些身体特征可以表征其个体区别，目前已有的研究中发现其个体叫声显著性差异、牛只脸部特征以及嘴部纹理特征，这些都可以作为奶牛个体识别的标签。下一步研究应重点针对奶牛个体标签，采用非接触的自动识别技术，实现奶牛个体识别的智能化。在这些研究中，由于奶牛是群居性动物，对于单只牛体的个体声音和视频采集是实现智能化识别的关键，并且采集的声音中还混杂外界的噪声，这些都是将来研究中要进一步的解决的问题。

小结

　　从近年来国内外关于奶牛个体信息监测研究现状来看，基于物联网、声音识别、机器视觉的奶牛信息监测技术极大地提高了奶牛养殖中信息监测的智能化，降低了人工监测所耗费的时间和精力。我国的相关科研人员，应在互联网、大数据、云计算和物联网等技术的发展潮流中，响应《国务院关于印发新一代人工智能发展规划的通知》（国发［2017］35号）和教育部《高等学校人工智能创新行动计划》（教技［2018］3号）文件中明确指出要推动智能农业应用示范的号召，将信息技术与现代农牧业智能装备技术的深度融合，突破农业动植物信息感知，协同构建绿色化、高效化、智能化、多功能化的未来农业模式和示范基地。未来可能在以下几个方面需要进一步研究和探讨。

① 奶牛个体信息监测智能装备研发：针对奶牛养殖中不同体征监测需求，开发相应的智能化监测设备，并针对奶牛个体大、活动范围广、监测设备续航能力有限等问题，要设计适合奶牛佩戴的耐用的智能监测装备，同时结合目前的物联网、互联网＋技术，实现奶牛个体信息实时、远程、低功耗监测是后续研究的重点。

　　② 奶牛个体信息非接触式监测系统研究：基于声音识别、机器视觉的无接触方式是记录奶牛个体信息最好方法，可以实时无接触连续监测，对奶牛个体没有任何影响。应进一步借助于语音处理和计算机视觉技术，通过声音信号和机器视觉对奶牛个体信息进行智能理解，开发基于声音和视觉的奶牛个体信息监测系统，为奶牛的精准养殖提供技术支持。

　　③ 奶牛个体信息监测与智能化养殖系统：奶牛个体信息与环境、饲养方式等密切相关，如何从采集的奶牛个体信息中提取有效信息，进一步融合各种个体信息，比如体温、活动量、呼吸参数、采食量以及体况评分等参数，研究奶牛的养殖环境对其个体生长的影响，开发奶牛智能化养殖系统还需要做深入研究。

　　④ 奶牛行为与健康智能模型构建：奶牛的行为和健康与奶牛的个体信息密切相关，在获取的叫声、活动视频、运动量等奶牛个体信息的基础上，应进一步研究构建奶牛行为分类模型，为奶牛的精准行为识别提供有力支持。并根据实时采集的奶牛个体信息，研究构建奶牛不同生长阶段的健康模型，通过个体信息监测比对健康模型，为奶牛的健康和福利养殖提供技术保障，提高奶牛的养殖效益。

　　总之，我国的奶牛养殖大部分还处于粗放式管理模式，在奶牛个体信息自动化监测方面目前还处于研究阶段，真正在奶牛养殖中达到推广应用的还不多，应结合中国国情，依托广大奶牛养殖单位和相关研究单位，在奶牛的养殖中合理引入信息技术和物联网技术，提高我国奶牛养殖的智能化、自动化水平，促进我国奶牛养殖业的健康发展。

参 考 文 献

[1] 陈长喜，张宏福，王兆毅，等. 畜禽健康养殖预警体系研究与应用[J]. 农业工程学报，2010，26(11)：215-220.

[2] 何东健，刘冬，赵凯旋. 精准畜牧业中动物信息智能感知与行为检测研究进展[J]. 农业机械学报，2016，47(5)：231-244.

[3] 蒋晓新，卫星远，邓双义，等. 北方季节对荷斯坦奶牛步履数与发情周期相关性研究[J]. 黑龙江畜牧兽医，2014(07 上)：84-86.

[4] 沈明霞，刘龙申，闫丽，等. 畜禽养殖个体信息监测技术研究进展[J]. 农业机械学报，2014，45(10)：245-251.

[5] 杨玉芹. 奶牛的发情鉴定[J]. 青海畜牧兽医杂志，2007(04)：65.

[6] At-Taras E E, Spahr S L. Detection and characterization of estrus in dairy cattle with an electronic heatmount detector and an electronic activity tag[J]. Journal of dairy science, 2001, 84(4): 792-798.

[7] 李栋. 中国奶牛养殖模式及其效率研究[D]. 北京:中国农业科学院, 2013.

[8] 张俊辉, 顾宪红. 奶牛健康监测与评价[J]. 中国奶牛, 2013(20): 34-38.

[9] SUTHAR V S, BURFEIND O, PATEL J S, et al. Body temperature around induced estrus in dairy cows[J]. Journal of Dairy Science, 2011, 94(05): 2368-2373.

[10] 田富洋, 王冉冉, 刘莫尘, 等. 基于神经网络的奶牛发情行为辨识与预测研究[J]. 农业机械学报, 2013, 44(s1): 277-281.

[11] LØVENDAHL P, CHAGUNDA M G. On the use of physical activity monitoring for estrus detection in dairy cows[J]. Journal of Dairy Science, 2010, 93(01): 249-59.

[12] 赵恒, 赵增友. 一种奶牛脊背便携太阳能体温主动被动爬跨发情报警器:中国, CN203762045U[P]. 2014-08-13.

[13] YEON S C, JEON J H, HOUPT K A, et al. Acoustic features of vocalizations of Korean native cows (Bos taurus coreanea) in two different conditions[J]. Applied Animal Behaviour Science, 2006, 101 (01): 1-9.

[14] DEL FRESNO M, MACCHIA, MARTI Z, et al. Application of color image segmentation to estrusc detection[J]. Journal of Visua lization, 2006, 9(02): 171-178.

[15] TSAI D, HUANG C. A motion and image analysis method for automatic detection of estrus and mating behavior in cattle[J]. Comput electron agric, 2014, 104: 25-31.

[16] 田富洋, 李法德, 李晋阳, 等. 奶牛采食量检测仪的设计与技术研究[J]. 仪器仪表学报, 2007(02): 293-297.

[17] 吴洪宇, 王晓帆, 张永根. 奶牛个体采食量测定仪的设计与试验[J]. 饲料工业, 2015, 36(19): 57-61.

[18] 宋怀波, 李通, 姜波, 等. 基于 Horn-Schunck 光流法的多目标反刍奶牛嘴部自动监测[J]. 农业工程学报, 2018, 34(10): 163-171.

[19] Braun U, Trösch L, Nydegger F, et al. Evaluation of eating and rumination behaviour in cows using a noseband pressure sensor[J]. BMC veterinary research, 2013, 9(1): 164-170.

[20] Chen Y, He D, Fu Y, et al. Intelligent monitoring method of cow ruminant behavior based on video analysis technology[J]. International journal of agricultural & biological engineering, 2017, 10(5): 194-202.

[21] 刘忠超, 范伟强, 何东健. 奶牛体温检测研究进展[J]. 黑龙江畜牧兽医, 2018(19): 41-44.

[22] 刘忠超, 范伟强, 张会娟, 等. 基于 Android 的奶牛体温实时远程监测系统的设计[J]. 黑龙江畜牧兽医, 2017(23): 6-9+282-283.

[23] Eigenberg R A, Brandl B T, Nineaber J A. Sensors for dynamic physiological measurements[J]. Computers and electronics in agriculture, 2008, 62(1): 41-47.

[24] Martinez A, Schoenig S, Andresen D, Warren S. Ingestible pill for heart rate and core temp erature measurement in cattle: 28th Annual Conference of the IEEE EMBS[R]. New York, NY, 2006: 3190-3193.

[25] Warren S, Martinez A, Sobering T, Andresen D. Electrocardiographic pill for cattle heart rate determination//30th Annual International IEEE EMBS Conference. Columbia[R], Canada, 2008: 4852-4855.

[26] 赵凯旋, 何东健, 王恩泽. 基于视频分析的奶牛呼吸频率与异常检测[J]. 农业机械学报, 2014, 45 (10): 258-263.

[27] LEE Y, BOK J D, LEE H J, et al. Body temperature monitoring using subcutaneously implanted thermo-loggers from holstein steers[J]. Asian-Australas J Anim Sci, 2016, 29(2): 299-306.

[28] 何东健，刘畅，熊虹婷. 奶牛体温植入式传感器与实时监测系统设计与试验[J]. 农业机械学报，2018，49(12)：195-202.

[29] Ikeda Y，Ishii Y. Recognition of two psychological conditions of a single cow by her voice. Computers and electronics in agriculture[J]. 2008，62(1)：67-72.

[30] JAHNS G. Call recognition to identify cow conditions-a call-recogniser translating calls to text[J]. Computers and electronics in agriculture，2008，62(01)：54-58.

[31] S. Ferrari，R. Piccinini，M. Silva, et al. Cough sound description in relation to respiratory diseases in dairy calves[J]. Preventive Veterinary Medicine，2010，96(3)：276-280.

[32] 赵凯旋，何东健. 基于卷积神经网络的奶牛个体身份识别方法[J]. 农业工程学报，2015，31(5)：181-187.

第2章
物联网中嵌入式 Web 服务器设计

随着信息技术的飞速发展，Internet 应用已经深入到生活的方方面面。传统的互联网应用以 PC 为中心，现在已开始转向以嵌入式设备为中心，许多嵌入式设备尝试着接入 Internet。嵌入式系统已经广泛地渗透到航空、汽车电子、工业生产、通信、消费电子以及人们日常生活的方方面面。IA（Internet Appliance）概念现在甚为流行，这表明互联网应用进入嵌入式互联网的时代已经来临。

2.1 引言

中国计算机学会（China Computer Federation）于 1999 年 6 月举行了"嵌入式系统及产业化在中国的发展前景"研讨会，专家们探讨了嵌入式系统在当今计算机工业中的地位及其网络化问题，认为下一代网络设备中嵌入式设备将大大增加，互联网上传输信息的 70％将会来自小型嵌入式系统。

2000 年在美国举行的嵌入式系统国际会议的年会上，英国 ARC Cores 公司的副总裁 Jim Turley 先生在谈到嵌入式系统的市场时讲到："提起微处理器，人们很容易联想到 PC 机。但是微处理器的应用领域，无论从应用的范围还是使用的规模，以及采用的数量等方面，都远远超出了 PC 机的范畴。从数量上看，X86 类型的处理器，包括 Intel 公司和 AMD 公司生产的，加在一起也顶不上微处理器总消耗量的 0.1％。其中的绝大部分应用在嵌入式系统之中了。数量之大，说明了嵌入式系统应用范围的广泛。"

Internet 自 20 世纪 80 年代诞生以来，发展如此迅速，主要由于它拥有庞大的信息知识库，并且通信和交流方便，使得人们足不出户就能获得、共享丰富的信息。地球将被披上"电子皮肤"，嵌入式片上系统成为瘦服务器。预测未来 Internet 将向何处去，这是全世界科学家关心的问题，包括美国贝尔实验室总裁 Arun Netravali 的一批科学家对此做出了预测："在这阶段将会产生比 PC 时代多成百上千倍的瘦服务器和超级嵌入式瘦服务器，这些瘦服务器将与我们这个世界你能想到的各种物理信息、生物信息相连接，通过 Internet 网自动的、实时的、方便的、简单的，提供给需要这些信息的对象。"由此可见，当前数字信息技术和网络技术高速发展的后 PC 时代，将是一个嵌入式系统和 Internet 相结合的时代，具有联网功能的嵌入式系统将代替 PC 在 Internet 网络中占据主导地位，这又将大大地促进嵌入式 Internet 技术的发展。

随着嵌入式系统更广泛的应用以及网络的进一步普及，嵌入式系统接入网络已成为嵌入式系统应用的一个重要方向和必然结果。嵌入式 Web 服务器是嵌入式系统网络化应用的重要方面。把嵌入式系统作为 Web 服务器与 Internet 相连接很适合于远程监控和生产过程控制等系统，通过特定的手段采集数据，利用远程浏览器通过访问嵌入式 Web Server 就可以直接监控现场设备的运行，提高生产效率和管理水平。在嵌入式系统上实现 Web 服务器，不仅克服了嵌入式系统用户界面死板甚至无界面的缺点，同时也为嵌入式系统的远程应用提供了一种人机可交互的方便操作方式，从而使嵌入式 MCU 以 Web 服务器的方式提供给客户端。

在嵌入式系统网络化应用日趋流行的今天，设计和实现微处理器的网络接入是一个很有现实意义的问题，可以实现基于 Internet 的远程数据采集、远程控制、自动报警、上传/下载数据文件、自动发送 e-mail 等功能，同时也为 IST（Internet Sensor Technology 网络传感器技术）、HVAC（家庭环境自动控制）、局部环境自动监测、智能小区管理、网络自动抄表等技术的应用与发展提供技术保证。

8051 系列微处理器被广泛应用于从军事、自动控制到 PC 机上的键盘上等各种应用系统中，很多制造商都可提供 8051 内核系列单片机，像 Intel、Philips、Atmel、Siemens 等。这些制造商给 51 系列单片机加入了大量的性能和外部功能，像 I^2C 总线接口、模拟量到数字量的转换、看门狗、PWM 输出等，更加丰富了 8051 单片机的功能和外围接口。不少芯片的工作频率达到 40MHz，工作电压下降到 1.5V，由于这些功能都是基于同一个内核，使得 8051 单片机很适合作为厂家产品的基本构架。同时由于基于 8051 系列微处理器的硬件系统价格低廉，因此对于那些需要开发低成本产品的项目来说是一种不错的选择。

而伴随着 Internet 遍布于全世界的每个角落，对于大量低端的以 8051 系列微处理器为核心的小型嵌入式设备来说，把其作为一个简单的 Web 服务器，借助于 Internet 来传送各种测量和控制信息，可以使人们在任何时候，任何地方实时监控现场设备和数据，还可以在远方对现场设备进行诊断和软件升级，具有快速、方便、可靠的特点。因此单片机如何控制以太网网卡控制器进行数据传输，如何嵌入 TCP/IP 协议使其连接到互联网，这些都具有深远的意义。

MCU 成为嵌入式 Web 服务器最主要的研究方向也就是嵌入式系统怎样接入 Internet 网络进行通信，所以嵌入式 Internet 成为近几年发展起来的一项新兴概念和技术，不论是低端的系统还是高端的嵌入式系统，都在积极探索尝试着接入 Internet 成为 Web 服务器。国外许多大公司包括 EmWare、Microchip、Philips 和 Motorola 等在内的数十个公司联合成立了"嵌入式 Internet 联盟"（ETI），专门讨论和制定嵌入式 Internet 领域的标准和开发相关的技术，共同推动这一市场的发展。

近几年来，国外投入嵌入式 Internet 研究的公司逐渐增多，参与研究的公司规模差异也越来越大，大的如 Philips、Microsoft、NEC、Motorola 等公司，小的则是一些刚刚成立的高科技公司。下面主要介绍一些国外公司在嵌入式 Internet 领域的研究状况。

① iReady 公司致力开发各种 TCP/IP 堆栈处理器硅片解决方案。它已成功开发 TCP/IP 堆栈技术，这种独特的技术可提供全面的传送卸载支持，确保以太网网络可以发挥极高的性能。多家公司已获许可使用 iReady 的硬件加速 TCP/IP 堆栈技术，有关公司包括 Toshiba、Seiko Instruments、Sony 及 Agilente Seiko 公司在此基础上推出 IC 芯片 S7600A 芯片，将 TCP/IP 协议栈用硬件方法予以实现。

② Accelerated Technologies 公司开发的 Nucleus Plus 实时核心软件，提供了完整的 TCP/IP 协议栈，包括全部源程序（称为 Nucleus Net，价格约为 14995 美元）。

③ 美国 Em Ware 公司提出嵌入式微互联网 EMIT（Embedded Internet Technology）运行技术，即嵌入式微型网络技术，将串口设备接入 Internet，实现基于 Internet 的远程数据采集、智能控制、上传/下载数据文件等功能。松下电工的家庭网络中间件，核心技术即采用的 Em Ware 公司开发的 EMIT 构架。

④ 在工业测控领域，1999 年成立的"工业以太网协会"（IEA）正在积极致力于工业以太网现场总线的研究开发，美国 OPT022 公司采用嵌入式 Internet 技术，研制开发了"以太网 I/O 系统"——SNAPI/O 系统，成功应用于工业控制过程、楼宇智能化监控等多项工程中。此外，惠普公司应用 IEEE1451.2 标准，生产的嵌入式以太网控制器具备 10-BaseT 接口，运行 FTP/HTTP/TCP/UDP 协议，应用于传感器、驱动器等现场设备。

而国内嵌入式 Internet 技术的研究才刚刚起步，有一些公司也正在积极研究嵌入式 Internet 技术，但成果没有国外的丰硕，且大多停留在理论阶段。对工业控制网络领域的理论研究主要局限于现场总线网络上，对建立工业以太网控制网络还未进入到实质研究阶段。在产品开发方面，北京英贝多公司研发出了基于芯片的微型 Internet 网关和瘦服务器，为迎接 Internet 向嵌入式领域发展的第三阶段做好基础性准备。另外武汉力源公司也推出了专用网络接口芯片 PS2000 以及一款用于连接电子设备和 Internet 网络的集成电路 Web chip，其内部固化了 MCUNet 协议，该协议与 emGateway 和 OSGi 协议兼容。这种应用系统通过 Web chip 网络芯片与 Gateway 连接，再接入 Internet。目前国内已经有基于该芯片的相关应用开发。

可见，如何通过互联网共享以"微控制器"（MCU，Micro Controller Unit）为中心的小型嵌入式设备相关的信息，也即如何使 MCU 成为 Web 服务器是当今嵌入式研究领域中的一项重要内容。

本章研究并提出一种基于 8 位单片位机实现嵌入式 Web 服务器的技术方案，使其能接入 Internet 网络实现服务器的基本功能，进行信息的共享和远程测量监控等。主要实现以太网接口和 TCP/IP 协议栈的精简。

以太网接口实现主要内容包括 8 位微处理器与以太网控制芯片硬件电路的实现以及以太网控制芯片驱动程序的实现。TCP/IP 协议栈本来就是一个庞大并且十分复杂的协议族，对于片上资源和处理速度都十分有限的 8 位微处理器来说，实现整个协议是根本不可能的，所以要对它进行精简。这个精简不仅是指对实现各层不同协议的精简，也包括实现各协议时具体内容的精简，当然这种精简是要在保证整个系统能够稳定运行的基础之上的。精简的协议栈中主要实现了 ARP、IP、TCP 和 HTTP 协议。

目前，接入 Internet 的方式很多，有以太网、ISDN、ADSL、电话接入等方式。以太网（Ethernet）协议已经非常广泛地应用于各种计算机网络，如办公局域网、工业控制网络、因特网、智能家居等场合。以太网作为一种廉价、高效的 Internet 接入方式，已经得到广泛的应用，并且还在不断地发展。基于以太网的新技术和联网设备不断出现，以太网已经成为事实上最常用的网络标准之一。所以，通过以太网的接入方式实现嵌入式 Internet 具有现实意义。

嵌入式系统通过以太网接入 Internet 成为 Web 服务器常用如下三种解决方案。

① 32/64 位高端嵌入式系统＋RTOS 的实现方式。该方案采用在高速的 32/64 位微控制器上运行实时多任务操作系统，以实时多任务操作系统作为软件平台，在实时多任务操作系统上直接实现 TCP/IP 协议，从而实现嵌入式 Internet。目前这方面的各类实时多任务操作系统非常多，常见的有 Nucleus、Linux、WinCE 等。这些操作系统都带有完整的 TCP/IP 协议栈，因此，在实现上没有什么技术难点，比较容易实现。

② PC 网关＋专用网的实现方式。采用专用的网络（RS232、RS485、CAN BUS 等）把若干个嵌入式仪器连接在一起。该网络再与 PC 机相连，把 PC 机当作网关，由 PC 机把该网络上的信息转换为 TCP/IP 协议数据包，发送到 Internet 上实现信息的共享。

③ 8 位单片机＋NIC（网络接口控制器）直接接入 Internet 的实现方式。由 NIC 实现网络接口，由主控器执行存储在系统 ROM 中的协议代码来提供所需的通信协议。该方法的最突出的优点是成本极低，缺点是软件设计复杂，需要对 TCP/IP 协议有深入的了解和研究。

根据接入方案的分析及目前大量应用存在的低端微处理器现状，本章研究采用性能价格比最优的第三种方案。将以 8 位微处理器 MCU 和以太网络接口控制卡 NIC 为核心，通过网络协议的定制和适当裁减构成一个基于以太网的嵌入式 Web 服务器。

嵌入式系统接入 Internet 同 PC 机接入 Internet 一样，必须通过相应的通信协议进行处理。目前，Internet 上主要是采用 TCP/IP 协议，因此，嵌入式系统接入 Internet 最终需要通过 TCP/IP 接入，嵌入式系统对获取的信息进行 TCP/IP 协议处理，使其变成可以在 Internet 上传输的 IP 数据包，达到网络中数据进行传输通信的目的。

Internet 通信中的 TCP/IP 协议对计算机系统的 CPU 速度、存储器容量等要求比较高，用于 PC 机不存在任何困难，但是用于自身资源有限的嵌入式系统就必须考虑性价比，根据需要有所取舍，合理选择通信协议的实现和处理方案。因此，实现嵌入式 Web 服务器技术的难点在于：如何最大限度地利用嵌入式系统资源，根据 TCP/IP 协议对其进行适当的裁减，从而来对数据信息进行最高效的处理和传送。这也是本文研究和解决的关键问题。

经过分析、比较，设计采用图 2-1 所示的接入 Internet 技术方案。在该系统实现的方案中，远程主机通过以太网去访问 8 位 MCU 构成的嵌入式 Web 服务器，MCU 的 ROM 中存储着系统运行的软件程序，而 Web 服务器主要通过以太网控制芯片来与以太网络进行通信。

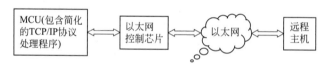

图 2-1　嵌入式 Web 服务器接入 Internet 技术方案

方案中嵌入式 Web 服务器的工作原理为：系统接入以太网开始运行，首先进行地址解析，在网络内进行"身份识别"，当用户通过浏览器发出请求时，网络芯片驱动程序接收以太网帧形式的用户请求，然后传输给上层协议逐层分用取出用户请求，系统根据用户请求调用 MCU 内的程序进行数据处理，再将数据逐层打包，最后交给以太网芯片封装成以太网帧发送出去，如果传输的数据量比较大，重复多次数据发送的过程，这样完成了一个数据传输的完整过程。在终端可以以 Web 网页的形式供用户浏览和作出进一步的判断进而控制。嵌入式 Web 服务器系统工作流程如图 2-2 所示。

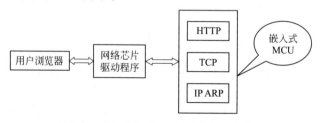

图 2-2　嵌入式 Web 服务器系统工作流程

2.2　嵌入式 Web 服务器硬件设计　◀◀◀

系统开发的需求目标和技术路线方案确定之后，硬件系统就是整个嵌入式 Web 服务器的基础。因为软件是在硬件的基础上工作的，硬件系统是实现嵌入式 Internet 的核心，本节主要围绕如何实现该系统的硬件构建展开分析与设计。

2.2.1　系统总体设计

整个系统设计采用 AT89C55WD 作为 MCU 主处理器芯片与 Realtek 公司的 10M 以太网控制芯片 RTL8019AS 相结合，实现 AT89C55WD 驱动控制 RTL8019AS 工作，达到单片机控制的嵌入式系统与外部网络互联的目的，从而实现嵌入式 Web 服务器。RTL8019AS 是 ISA（Industry Standard Architecture）总线接口的以太网芯片，与 NE2000 兼容，使网络通信协议软件具有良好的移植性。此外为了配合这两个主要芯片的正常工作，系统中还扩展一块 32K 字节的 RAM 62256 和需要进行地址数据分时使用的 8D 锁存器 74HC373，当然网卡芯片和 RJ45 接口之间还需要一个网络变压器 20F-01 进行信号的隔离和匹配转换。

2.2.2　硬件选型

实现嵌入式 Web 服务器接入以太网，根据引言中比较选择的技术方案可知：本设计采用 8 位单片机＋以太网接口芯片＋精简的 TCP/IP 协议的方案是实现最为简单的方法。

Web 服务功能是现在网络服务器所具备的基本功能之一，在以 PC 机为平台的服务器上实现 Web 服务功能是非常容易。但对于嵌入式系统来说，其硬件资源相对 PC 机是极度贫乏的，要在其上实现 Web 服务器的功能是有很大难度的。这就对系统硬件的选择提出了具体的要求。

基于 MCU 的嵌入式 Web 服务器的系统硬件结构主要由 8 位微处理器 MCU 和以太网控制器构成，MCU 控制整个系统运行实现嵌入式 Web 服务器，以太网控制芯片和其外围的网络变压器主要实现通过以太网络传输数据信息的底层功能。

系统硬件电路用到的主要芯片有 Atmel 公司的 51 系列微控制器 8 位

AT89C55WD 单片机，台湾 Realtek 公司生产的 RTL8019AS 网络接口控制芯片以及外围的 GROUP-TEK 公司生产的 LPF 隔离滤波器 20F-01。此外还有扩展功能保留的串行通信口电平转换器 MAX232、8D 锁存器 74HC373 和 32KB 的 RAM 芯片 62256。外部 32KB 的 RAM 62256 也可以不用，而用网卡芯片上的 RAM 代替，但是芯片内部的 RAM 的存取比较复杂，速度也比较慢。这里为了编程的方便和实现较快的传输速度，以及为了完成更为复杂的应用而使用外围的 RAM 芯片 62256。

2.2.2.1 AT89C55WD 单片机

利用 8 位单片机作为主处理器来处理精简的 TCP/IP 协议，众所周知，TCP/IP 是一组复杂的协议集，内容庞大，对单片机系统要求较高，需要有大容量的存储器和较高的运行速度。同时按照定义一个最大的以太网帧约为 1.5KBytes，为了让单片机能够有足够大的 RAM 空间来处理至少一个以太网帧以及快速装载程序的需要，在选择单片机时要考虑到其内存的大小。在众多的 8 位单片机型号中，其芯片内部的核基本都是一样的，只是在外围功能扩展方面有所差别，从芯片性价比、处理以太网数据帧需要的 RAM 空间、程序烧写需要的 ROM 和满足系统基本功能方面，MCU 采用的是 Atmel 公司的 AT89C55WD 型单片机。

AT89C55WD 是一个低电压、高性能 CMOS 8 位单片机，片内含 20KBytes 的可反复擦写的 Flash 只读程序存储器和 256 Bytes 的随机存取数据存储器 (RAM)，可反复擦写的 Flash 存储器可有效地降低开发成本。器件采用 Atmel 公司的高密度、非易失性存储技术生产，兼容标准 MCS-51 指令系统，引脚兼容工业标准 89C51 和 89C52 芯片，采用通用编程方式，片内置通用 8 位中央处理器和 Flash 存储单元，内置功能强大的微处理器 AT89C55WD 可提供许多高性价比的系统解决方案，适用于多数嵌入式应用系统。

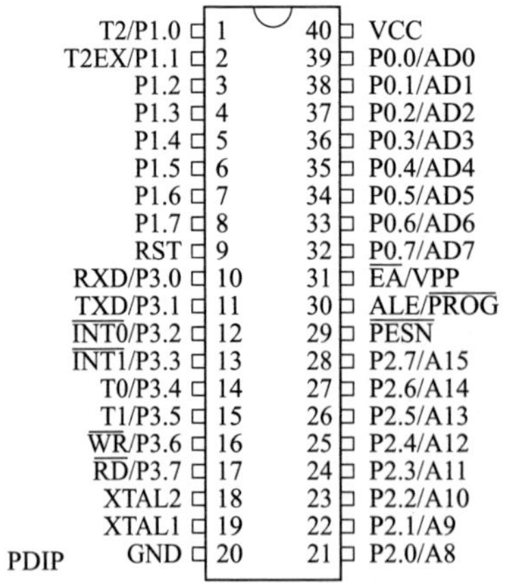

图 2-3　AT89C55WD
单片机芯片引脚

AT89C55WD 有 PLCC、PDIP 和 TQFP 三种封装形式，以适应不同产品的需求。在本系统的设计过程中，出于焊接的方便，系统中选用的是 PDIP 封装。其芯片引脚如图 2-3 所示。

AT89C55WD 单片机的主要功能特性如下：

- 兼容 MCS51 指令系统，有 40 个引脚；
- 20KBytes 可反复擦写（> 1000 次）Flash ROM；
- 32 个双向 I/O 口；
- 256×8bit 内部 RAM；
- 3 个 16 位可编程定时/计数器中断；
- 时钟频率 0～33MHz；

- 2 个串行中断；
- 硬件看门狗（WDT）；
- 2 个外部中断源；
- 可编程串行通道；
- 2 个读写中断口线；
- 3 级加密位；
- 片内时钟电路；
- 低功耗睡眠功能；
- 4～5.5V 工作电压范围。

2.2.2.2 RTL8019AS 网络接口芯片

硬件系统另一个最主要的以太网控制芯片可选择的型号也是非常多的，比如 Realtek 公司的 RTL8019AS、Cirrus Logic 公司的 CS8900A、SMSC 公司的 LAN91C113 等，其都可以实现以太网通信的功能。但台湾 Realtek 公司生产的以太网控制芯片 RTL8019AS 是一款非常普遍的芯片，大量应用在 PC 机的网卡上，资料的获取比较容易，同时价钱也比较便宜，一块芯片基本在 RMB20 元左右。所以硬件系统中选取 RTL8019AS 以太网控制芯片来实现 Ethernet 接口电路。

RTL8019AS 本身包含了 Ethernet 网络模型中最低两层，它完成物理帧的形成、编解码、CRC 的形成和校验、数据的收发等功能，是用来进行以太网通信的理想芯片。RTL8019AS 是做老式的 ISA 总线而设计的，ISA 总线的总线速度为 1Mb/s。而以太网速度通常都在 10Mb/s 左右，因此为了能够让 ISA 总线有足够的时间读写网络数据，RTL8019AS 内部集成了有 16KB SRAM。而 8 位单片机的总线速度恰好和 ISA 总线工作在 8 位数据线时的速度相当，所以为了让单片机有足够长的时间来处理数据，在系统的设计中网卡芯片选用 RTL8019AS。

（1）RTL80I9AS 主要性能

① 符合 Ethernet II 与 IEEE802.3（10Base5，10Base2，10Base-T）标准。

② 全双工，收发可同时达到 10Mbps 的速率。

③ 内置 16KB 的 SRAM，用于收发缓冲，降低对主处理器的速度要求。

④ 支持 8/16 位数据总线，8 个中断申请线以及 16 个 I/O 基地址选择。

⑤ 支持 UTP、AUI、BNC 自动检测，还支持对 10Base-T 拓扑结构自动极性修正。

⑥ 允许 4 个诊断 LED 引脚可编程输出。

⑦ 采用 CMOS 工艺，功耗低，单一电源 5V 供电。

（2）RTL8019AS 内部结构

RTL8019AS 芯片内部包含远程 DMA 接口、本地 DMA 接口、MAC（介质访问控制）逻辑、数据编码解码逻辑和其他端口。网卡这里的 DMA 与平时所说的 DMA 有些不同，RTL8019AS 的本地 DMA 操作是由网卡芯片本身完成，而

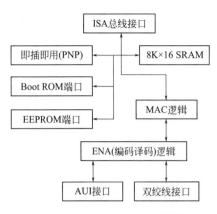

图 2-4　RTL8019AS 内部结构图

远程 DMA 并不是在没有主处理器的参与下数据能自动移到主处理器的内存中，它指主处理器给出起始地址和长度就可以读写芯片的 RAM 缓冲区，每操作一次 RAM 地址自动加 1，而普通 RAM 操作每次要先发地址再处理数据，因此速度较慢，这些特性也为网卡芯片驱动程序的编写提供了方便。其内部结构如图 2-4 所示。

（3）RTL8019AS 的逻辑功能

RTL80I9AS 以太网控制器可以与 NOVELL NE2000 软件兼容。它的逻辑功能分为以下几个部分。

① 接收逻辑：实现接收过程由串行到并行数据转换，在每次接收脉冲之后将一个字节数据送入 16 字节 FIFO 中，将检测到帧定界符后的 6 个字节送到地址识别逻辑进行地址识别比较。

② CRC 产生校验逻辑：在发送过程中用 CRC 算法对数据帧进行计算，在数据域后将产生的 CRC 码发送到接收过程，对接收帧进行 CRC 校验。

③ 发送逻辑：实现在发送过程从 FIFO 读取并行数据并转换成串行位流发送出去，在每个数据帧发送之前，自动加入 64 位的帧前同步字符序列，在数据帧之后加入 32 位 CRC 码。

④ 地址识别逻辑：将接收到的数据帧目的地址和地址寄存器中的源地址进行比较，判定是否为发到本地的帧，同时支持多地址和广播地址的连接方式。

⑤ FIFO 和 FIFO 控制逻辑：NIC 中有 6 个字节的 FIFO 缓冲区，其控制逻辑实现在发送和接收过程中从 FIFO 取出或存入数据，并防止发生断流或溢流。

⑥ 协议 PCA：负责实施以太网规范，包括后退算法及碰撞恢复。

⑦ DMA 和缓冲控制逻辑：用来控制两个 DMA 通道，一个是本地 DMA，用作缓冲 RAM，与 FIFO 之间的数据交换。具有较高优先级，远程 DMA 用作外部存储器与 RTL8019AS 内部缓冲 RAM 之间的数据交换。

（4）RTL8019AS 的内部 RAM 地址空间分配

RTL8019AS 内部有两块 RAM 区。其中一块 16K 字节，地址为 0x4000～0x7FFFF；另一块 32 字节，地址为 0x0000～0x001F。RAM 按页存储数据，每 256 字节为一页，一般将 RAM 的前 12 页（即 0x4000～0x4BFF）存储区作为发送缓冲区，后 52 页（即 0x4C00～0x7FFF）存储区作为接收缓冲区。第 0 页叫 Prom 页，只有 32 字节，地址为 0x0000～0x001F，用于存储每个以太网卡物理地址。

（5）引脚介绍

RTL8019AS 芯片提供的是 100 脚的 TQFP（Thin Quad Flat Pack）封装，

其引脚可分为电源及时钟引脚、网络介质接口引脚、自举 ROM 及初始化 EEPROM 接口引脚、主处理器接口引脚、输出指示及工作方式配置引脚。由于本系统主要研究非 PC 环境下的以太网接口，也即嵌入式系统接入以太网，该网络接口不必具有即插即用（PNP）和远程自举加载功能，因此在硬件设计中不需要考虑 RTL8019AS 与自举 ROM、初始化 EEPROM 接口的引脚。

2.2.2.3　62256 外部数据存储器和 8D 锁存器 74HC373

扩展大容量 RAM 是因为以太网数据包的收发需要有足够的缓冲区，同时实现复杂的 TCP/IP 处理，也需要占用大量的内存空间。并且使用外部 RAM 62256 也可以提高单片机的数据处理传输速度。由于以太网的数据包最大有 1500 个字节，AT89C55WD 单片机无法存储这么大的包，只有放到外部 RAM 里来存放处理。此外在以后系统功能扩展方面，外部 RAM 也可用作串行口的输入输出缓冲，以使单片机可以较快地吞吐数据，用网卡上的 RAM 来代替 62256 会影响处理速度。74HC373 是为了将单片机的 P0 进行数据/地址的锁存和分时复用。这两个芯片的选择首先是满足系统功能的需求，当然在其他的硬件系统中也是非常成熟的应用，参考资料相对丰富，线路连接也比较简单，只需连接对应的数据地址线即可。

2.2.2.4　20F-01 网卡隔离器

RTL8019AS 与以太网的接口采用无屏蔽双绞线 RJ45 接口，这部分接口比较简单，只需要一个隔离变压器和 RJ45 接口连接即可。网络变压器，又叫发送/接收滤波器，它的基本构成为隔离变压器，以完成网变的核心功能——信号隔离及变换。主要功能有隔离、电压变换和阻抗匹配，用来把信号变换成平衡信号传输，以减少共模干扰，提高传输距离，对系统电路起到保护作用，并完成信号的传输。通过它将 RJ45 外部接口与 RTL8019AS 连接。网络隔离器可选取的型号也是非常多的，比如 PULSE 公司系列的 E2003、DAVICOM 公司的 DM9000 网络滤波器、Intel 公司 82547EI 网络变压器、GROUP-TEK 公司的系列产品等。其功能和外围接口基本一样，本设计采用的网卡隔离芯片是 GROUP-TEK 公司生产的 20F-01，它有两个输入两个输出，一般使用标准的 RJ45 接头构成标准的接口接入以太网络。

2.2.3　硬件系统构建

根据以上选取的硬件介绍及各芯片的外围引脚特性可知，系统总体结构的主要硬件电路连线如图 2-5 所示。

2.2.3.1　单片机硬件连线

8 位微控制器与以太网控制芯片实现通信接口的硬件电路主要包括 RTL8019AS 数据引脚读写、地址引脚驱动、I/O 端口读写信号的引入、内部缓冲 RAM 的读写以及对外部扩展存储器的读写等。

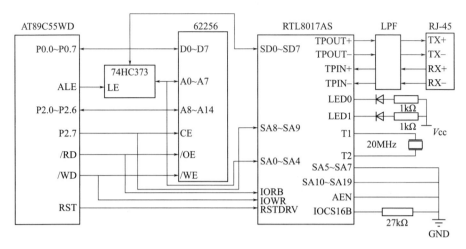

图 2-5 系统硬件连线图

在硬件连线图中，由于选取的各个芯片所需的电源一致，统一采用 V_{cc} 用 +5V 电源，而 GND 端统一接地。对于整个系统的主控制器 AT89C55WD 单片机的 P0 口主要作为数据/地址线使用，当作数据线使用来连接外部数据存储器 62256 和 RTL8019AS 的 8 位数据接口。同时当作为地址线使用时，为了给 62256 提供 15 位地址的低 8 位，要采用复用技术，对地址和数据进行分离，因此把 P0 连接到 8D 锁存器 74HC373 的 D0～D7，把低 8 位地址暂存，随后就由地址锁存器的 Q0～Q7 给 62256 提供 15 位地址的低 8 位 A0～A7。而 15 位地址的高 7 位则由 P2 口提供，因此 P2 口的 P2.0～P2.6 连接 62256 的高 7 位 A8～A14。单片机的地址锁存信号 ALE 接 74HC373 的 LE 端口，单片机的复位信号 RST 接网卡的复位端口 RSTDRV，同时单片机外围要搭建复位电路，即在单片机复位的同时给网卡的 RSTDRV 引脚送高电平，且必须超过 800ns 才能有效地进行硬件复位。其实在开发过程中，为了保证网卡芯片的彻底复位，同时采用了软复位，即在软件中通过程序来实现。这也是整个系统开始工作的必备前提条件。单片机的读选通信号/RD 接 62256 的数据输出允许信号/OE 端，同时接网卡 RTL8019AS 的输入输出读指令端 IORB。单片机的写选通信号/WD 接 62256 的写选通信号/WE 端，同时接网卡 RTL8019AS 的输入输出写指令端 IOWB。

外部数据存储器 62256 的片选信号/CE 连接单片机的 P2.7 端口，而 62256 是 32KB 的 RAM，因此占用单片机的外部地址空间 0000H～7FFFH，从而也使 P2.7 端口担当了在 62256 和网卡芯片之间进行片选的功能，即当 P2.7 为低电平时，62256 的片选信号/CE 有效，使单片机控制 62256 进行工作；当 P2.7 为高电平时，通过网卡的地址设定来选择与网卡芯片之间进行工作。

为了以后在系统上扩展串行口得到标准的无误差的波特率，单片机的晶振用 11.0592MHz 无源晶振，起振电容选用 30pF 即可。

2.2.3.2　网卡硬件连线

网卡芯片 RTL8019AS 是为 10Mbps 速率的网络适配器而设计的，它为处理器提供标准的 ISA 接口，用普通的 8 位处理器来实现 ISA 接口比较复杂，而且也没有必要，在系统中选择直接对 RTL8019AS 的数据线和地址线进行访问来实现控制，从而简化了硬件的连线和系统的复杂度。RTL8019AS 的 16 位数据总线和 20 位地址总线对于 8 位微处理器的嵌入式系统而言，占用的资源就比较多，应尽可能地减少其所需的端口数。16 位数据总线和 20 位地址总线主要完成与 RTL8019AS 通信和对内部寄存器的控制。

RTL8019AS 内置 10Base-T 收发器，所以与以太网络接口的电路比较简单，外接一个 LPF 隔离滤波器 20F-01，TPIN＋、－为接收线，TPOUT＋、－为发送线，经隔离后分别与 RJ45 接口的 RX＋、－、TX＋、－端相连。RTL8019AS 芯片主要引脚功能及连线介绍如下：

RSTDRV 引脚：复位信号引脚。当该引脚置脉冲，并且脉冲的高电平部分超过 800ns，RTL8019AS 就会复位。该引脚接单片机的复位信号 RST，当然在程序中也可以通过程序进行软复位。

IOCS16 引脚：用于决定数据总线模式是 8 位或 16 位。在 RSTDRV 信号的下降沿，RTL8019AS 判断该引脚的电平高低，如果为高，采用 16 位数据模式；如果为低，采用 8 位数据模式。RTL8019AS 有 16 位数据总线，但由于 AT89C55WD 是 8 位数据线的单片机，因此，在系统的设计中采用 RTL8019AS 工作在 8 位数据模式，根据该引脚的性能，即通过一个阻值为 27kΩ 的下拉电阻拉为低电平使 IOCS16 引脚接地。

IOS3～IOS0 引脚：基地址选择引脚，即选择 I/O 地址。RTL8019AS 支持 16 个 I/O 基地址选择功能，基地址范围从 0x300H 到 0x2E0H，通过芯片引脚 IOS3～IOS0 设置。在硬件系统中这 4 个引脚接地或悬空时，表示输入的为低电平，此时 I/O 基地址为 300H，即 0011 0000 0000，所以用到的地址为十六进制 0x300H～0x31FH，转换成二进制如表 2-1 所示。

表 2-1　网卡地址二进制表

地址线	A19～A12	A11	A10	A9	A8	A7	A6	A5	A4	A3	A2	A1	A0
00300H	00000000	0	0	1	1	0	0	0	0	0	0	0	0
…	00000000	0	0	1	1	0	0	0	x	x	x	x	x
0031FH	00000000	0	0	1	1	0	0	0	1	1	1	1	1

SA0～SA19：SA0～SA19 为 RTL8019AS 的地址总线，共 20 根。从二进制转化表中可知网卡工作地址范围是 300H～31FH，地址线的高 15 位是固定不变的，SA19～SA5 是固定的 0000 0000 0011000，因此配置 RTL8019AS 的 20 位地址总线为 SA5～SA7、SA10～SA19 都接地，SA8～SA9 接＋5V 系统电源，硬件系统中只有 SA4～SA0 这 5 根地址线是与单片机的总线交换数据的。

另外，RTL8019AS 的输入输出地址共有 32 个，内部地址偏移量为 00H～1FH，分别与上述的 300H～31FH 对应。其中 00H～0FH 共 16 个地址，为寄存器地址。RTL8019AS 内部寄存器分为 4 页：PAGE0、PAGE1、PAGE2、PAGE3，每页有 16 个寄存器。寄存器的寻址由三个方面的因素来决定的：一是命令寄存器 CR 的 PS1 和 PS0 位，决定访问寄存器的哪一页；二是连接单片机的五条地址线 SA0～SA4，决定访问某页中的哪一个寄存器；三是读写信号，决定对寄存器是读还是写操作。其中由 RTL8019AS 的 CR（COMMAND REGISTER，命令寄存器）中的 PS1、PS 位来决定要访问的页，但与 NE2000 兼容的寄存器只有前 3 页，PAGE3 是 RTL8019AS 自己定义的，对于其他兼容 NE2000 的芯片如 DM9008 无效；10H～17H 共 8 个地址，为 DMA 地址可以用来作远程 DMA 端口（10H～17H 的 8 个地址是重复的，只要用其中的一个就可以了）；18H～1FH 共 8 个地址，为复位端口，用于在程序中给 RTL8019AS 进行软复位。

SD0～SD15：16 位数据总线。由于选用的是 8 位数据总线的单片机，所以仅需要低 8 位 SD0～SD7 连接到单片机的 P0.0～P0.7 口上进行数据的传送，SD8～SD15 悬空不接。

AUI 引脚：决定使用 AUI 还是 BNC 接口。如果是低电平，使用 BNC 接口，支持双绞线或同轴电缆。最常见的是采用双绞线为通信介质，所以硬件系统中 AUI 引脚悬空为低电平。网卡芯片传送接收数据所使用的引脚有：TPIN＋、TPIN－、TPOUT＋、TPOUT－，连入耦合隔离变压器，利用 RJ45 插头实现与外部以太网络的连接。

AEN 引脚：地址使能引脚，为低电平时 I/O 操作有效，为高电平时 I/O 操作无效。在设计的系统中，为了使 I/O 对网卡芯片进行操作，始终使 AEN 接地保持低电平。

IORB 引脚：I/O 读控制线，接单片机的读选通信号/RD。

IOWB 引脚：I/O 写控制线，接单片机的写选通信号/WD。

PL0、PL1 引脚：选择网络媒体类型，即决定网络接口类型 10Base-T、10Base2 或 10Base5，接地保持低电平，设置为自动选择方式。

X1、X2 引脚：外接晶振或外部振荡器输入，在系统中 RTL8019AS 的晶振使用 20MHz 无源晶振，为了减少干扰，起振电容选用 30pF 接地即可。

LED0、LED1、LED2 引脚：通信状态指示引脚，通过 1kΩ 的限流电阻，串接 1 个发光二极光再接地以反映通信状态。当向以太网发送数据有通信冲突时，LED0 闪烁；当 RTL8019AS 发送数据时，LED1 闪烁；当数据到达 RTL8019AS 时，LED2 闪烁。

TPIN＋、TPIN－引脚：从双绞线接收的差分输入信号。

TPOUT＋、TPOUT－引脚：发往双绞线的差分输出信号。

JP：引脚 JP 是工作方式选择脚，即网卡 RTL8019AS 工作模式选择信号。

RTL8019AS 支持 3 种工作方式：第一种为跳线方式，这种方式下 RTL8019AS 的工作状态和内部工作寄存器配置信息由跳线决定。第二种为即插即用方式（plug and play），此时 RTL8019AS 的工作状态和内部工作寄存器配置信息由外部存储器 93C46 和软件进行自动配置，这种工作方式需要复杂的软件支持，一般应用于 PC 机中。第三种为免跳线方式，RTL8019AS 的工作状态和内部工作寄存器配置信息由外部存储器 93C46 的内容决定。在嵌入式系统应用中，由于资源等各方面的限制，成本是需要考虑的重要因素，如果不使用外部存储器 93C46 则可以降低成本，同时又减少系统的复杂性，因此系统选用跳线方式。当 JP 脚为低电平时，工作在第 2 种或第 3 种方式，当 JP 脚为高电平时，工作在跳线模式下。在跳线模式下，芯片的中断请求线、I/O 基地址选择、BROM 等都由外部引脚决定。在设计的系统中采用的是 JP 脚接高电平让网卡工作在跳线模式。

至此整个系统硬件电路芯片选择及搭建基本完成，这仅仅从满足系统功能方面去选取了电路芯片，但没有考虑过多的处理速度等方面的影响，比如主控制器 MCU 选取的是 8 位机，当然也可以考虑选择处理字长更多的单片机，但从性价比以及普遍应用的低端市场方面来讲，还是采用了 8 位单片机作为实现的微处理器。RTL8019AS 作为 PCI 网卡芯片来说是比较成熟的，但用于嵌入式系统会增加其硬件连线的复杂度。

系统硬件电路平台制作完之后，接下来的主要任务就是系统软件的设计。本系统软件程序采用通用的单片机 C51 语言编写，代码便于阅读和移植。软件开发编译环境采用 Keil C51 uVision2 for Windows 软件，系统软件的设计将在下一节详细论述。

2.2.3.3　硬件连线地址分配

通过上面的硬件连线可知，硬件系统主要通过单片机的 P2.7、读选通信号/RD、写选通信号/WD 来划分 RTL8019AS 和 62256 的地址空间。P2.7 接 62256 的/CE 脚和 RTL8019AS 的 SA8、SA9，低电平时选择 62256 芯片，高电平时选择 RTL8019AS 的地址空间。由图 2-5 硬件连线可看到网卡 IOS3～IOS0 引脚悬空，这表示输入的为低电平，此时网卡 I/O 基地址为 300H，即 0011 0000 0000，所以用到的地址为十六进制的 0x300H～0x31FH，即地址线的 SA8、SA9 为高电平。在系统软件程序里使用 0000H～7FFFH 来选中 62256 芯片工作，而用 8000 H～801FH 来选中 RTL8019AS 的地址空间，同时网卡内部的寄存器通过基地址和偏移地址来选中，从而使其正确可靠的工作，其程序部分代码如下：

＃defineADDRESS _ SHIFT 0x1　// 网卡芯片内部寄存器偏移地址

＃define RTL _ BASE _ ADDRESS 0x8000 // 单片机选中的网卡 RTL8019AS 基地址

＃define CR（RTL _ BASE _ ADDRESS + ADDRESS _ SHIFT * 0x00）//命令寄存器地址

＃define PSTART（RTL _ BASE _ ADDRESS + ADDRESS _ SHIFT * 0x01）//接收数据页面开始寄存器地址

＃define PSTOP（RTL _ BASE _ ADDRESS + ADDRESS _ SHIFT * 0x02）//接收数据页面停止寄

存器地址

　……

　　♯define RDMA（RTL_BASE_ADDRESS + ADDRESS_SHIFT * 0x10）//远端 DMA 地址

　　♯define RESET（RTL_BASE_ADDRESS + ADDRESS_SHIFT * 0x18）//复位端口地址

通过以上硬件的连线就可以在软件系统中通过程序来访问 6225 芯片和 RTL8019AS 内的寄存器，从而能使整个系统配合正确的工作。

2.3　RTL8019AS 驱动程序的设计　◄◄◄

系统的软件程序主要包括三个大的部分：①RTL8019AS 网卡芯片的驱动程序；②TCP/IP 协议栈程序以及系统网络配置程序的实现；③调用各个子程序的系统主程序。本节在阐述单片机开发编译环境的基础上，主要就 RTL8019AS 网卡芯片驱动程序设计的相关问题进行论述。

2.3.1　单片机编译器 Keil

Keil Software 公司的 Keil 编译器是 MCS-51 单片机开发中应用非常广泛的一种编译和调试软件，采用该编译器可以编译 C 源代码、汇编源程序、连接和重定位目标文件和库文件、创建 HEX 文件以及调试目标程序。

Keil 编译器包括多个组成部分，其最主要的是 Windows 应用程序 uVision2，这是一个集成开发环境，它把项目管理、源代码编辑和程序调试等集成到一个功能强大的环境中。利用 uVision2 可以编辑源代码并把它们组织到一个能确定目标应用的项目中。

Keil C51 编译器完全遵照兼容 ANSI C 语言标准，支持 C 语言的所有标准特性。为了支持 8051 系列的 MCU，其中还添加了一些扩展的内容。比如数据类型、存储器类型、指针、中断服务程序等。

KeiluVision 开发环境是公认的开发基于 8051CPU 系统软件理想的开发环境。系统中整个程序项目均在 Keil uVision2 的应用程序界面下，用 C51 语言编写完成，源代码在 uVision2 IDE 中创建，并被 C51 编译生成目标文件烧写到硬件系统的主控制器内。

2.3.2　网卡驱动程序

RTL8019AS 的软件设计主要是网卡驱动程序的设计，以实现网卡初始化、发送数据、接收数据三部分功能，在接收和发送数据以前首先对网卡芯片进行必需的检测和初始化。RTL8019AS 的初始化主要是设置网卡工作模式所需的寄存器状态，建立网络接口收发数据的条件。

所谓驱动程序实际上就是对 RTL8019AS 的寄存器组以及远程 DMA 端口进行读写。设置以太网控制芯片的工作状态即工作方式，分配收发数据的缓冲区。在程序中首先定义 RTL8019AS 工作使用的寄存器组、远程 DMA 以及复位端口的地址。

网卡 RTL8019AS 驱动程序实现的功能是：驱动程序将要发送的数据包按指定格式写入芯片并启动发送指令，RTL8019AS 会自动把数据包转换成物理帧格式在物理信道上传输，反之，RTL8019AS 收到物理信号后将其还原成数据，按指定的格式存放在芯片 RAM 中以便主机程序取用。即 RTL 8019AS 的主要功能完成数据包和电信号之间的相互转换：数据包⇔电信号，以太网协议由网卡芯片硬件自动完成，不用考虑。以太网卡控制器驱动程序主要由三部分构成：

① 硬件芯片初始化，也即芯片初始化，由函数 void initRTL8019（void）来实现；

② 发送数据程序，也即发包程序，由函数 RTL8019dev _ send（void）来实现；

③ 接收数据程序，也即收包程序，由函数 RTL8019dev _ poll（void）来实现；

在操作系统中，驱动程序作为一组子程序，屏蔽了底层硬件处理细节，同时向上层软件提供与硬件无关的接口。而对于嵌入式系统来说，要相对简单一些，网卡芯片与 MCU 融为一体，由于没涉及多任务访问机制，可以直接进行底层操作。

RTL8019AS 芯片原来是针对 PC 机的 ISA 总线设计的，要将其用于嵌入式设备直接进行底层操作，则需在硬件和软件设计时考虑其特殊性。嵌入式系统的主处理器可通过映射到网卡芯片内部 16 个 I/O 地址上的寄存器来完成对 RTL 8019AS 的操作，所以由硬件设计中可知通过地址连线确定寄存器工作的地址范围，以便程序中通过定义寄存器映射对应的端口来完成对网卡寄存器的读写操作。

在程序实现上，首先定义 2 个重要函数实现对网卡芯片内各个寄存器的读写操作。

（1）写寄存器操作函数

```
void writeRTL (unsigned char RTL _ ADDRESS, unsigned char ppdata)
{
    INT8U xdata * tmp ;
tmp = RTL _ BASE _ ADDRESS + ( ( (unsigned char) (RTL _ ADDRESS) ) <<8);
    * tmp = ppdata ;
}
```

（2）读寄存器操作函数

```
unsigned char readRTL (unsigned char RTL _ ADDRESS)
{
    INT8U xdata * tmp ;
tmp = RTL _ BASE _ ADDRESS + ( ( (unsigned char) (RTL _ ADDRESS) ) <<8);
    return * tmp ;
}
```

RTL _ BASE _ ADDRESS 为硬件系统网卡芯片的基地址（其值为 0x8000H），RTL _ ADDRESS 为网卡内各个寄存器相对基地址的偏移地址。

2.3.3　以太网数据帧格式

在嵌入式 Web 服务器中，网卡是接入以太网的必备设备之一，通过网卡来实现数据的接收和发送，从而实现最基本的网络功能。为了实现网卡对数据的封装和数据帧解析分用功能，必须在网卡驱动程序中实现数据帧接收和发送过程，这就要求对以太网数据帧格式有一个清晰的了解，这样才能通过网卡驱动程序来实现按以太网数据帧格式的数据发送前封装和接受后分用功能。

以太网（Ethernet）是 20 世纪 70 年代研制开发的一种基带局域网技术，它采用载波多路访问和冲突检测（CSMA/CD）机制的媒体接入方法，它的速率为 10Mbps，地址为 48 位。由于以太网成本较低，性价比很好，已得到了广泛的应用并成为当今现有局域网采用的最通用的通信协议标准。

以太网的协议不止一种，IEEE（电子电气工程师协会）802 委员会公布了一个稍有不同的标准集，其中 802.3 针对整个 CSMA/CD 网络，802.4 针对令牌总线网络，802.5 针对令牌环网络，这三者的共同特性由 802.2 标准来定义。在这里用的是 802.3，它标准的以太网物理传输帧由以下部分组成，帧结构如表 2-2 所示（单位：字节）。

表 2-2　802.3 帧结构

前导位 PR	帧起始位 SD	目的地址 DA	源地址 SA	类型 TYPE /数据长度 LEN	数据 DATA	填充 PAD	帧校验 FCS
7	1	6	6	2	46～1500	可选	4

通过 802.3 帧结构可知，标准的 802.3 数据包由以下几个部分组成：前导位 PR、帧起始位 SD、目的地址、源地址、类型 TYPE/数据长度 LEN、数据 DATA、填充 PAD、帧校验 FCS。除了数据段的长度不定外，其他部分的长度固定不变。以太网规定整个传输包的最大长度不能超过 1514 字节（14 字节为 DA、SA、TYPE），最小不能小于 60 字节。最小的传输包除去 DA、SA、TYPE14 字节，还必须传输 46 字节的数据。也即数据段的个数可从 46B

（Bytes）～1500B（Bytes），假如一组要传送的数据不足 46Bytes 时，就用零补足，填充位补 000000……（当然也可以补其他值），填充字符的个数不包括在长度字段里；超过 1500Bytes 时，需要拆成多个帧传送。事实上，发送数据时，PR、SD、PAD、FCS 及填充字段这几个数据段由以太网控制器自动产生；而接收数据时，PR、SD 被跳过，控制器一旦检测到有效的前序字段（即 PR 和 SD）就认为接收数据开始。

但是，从 RTL8019AS 收到的数据包格式并不是 802.3 的真子集。主处理器收到的数据帧的组成依次包括：接收状态（1Byte）、下一帧的页地址指针（1Byte）、帧长度、目的地址（6Bytes）、源地址（6Bytes）、数据长度/帧类型（2Bytes）、数据段。接收包帧结构如表 2-3 所示（单位：位）。明显地，RTL8019AS 自动添加了"接收状态、下页指针、帧长度"三个数据成员。数据长度/帧类型的值小于或等于 1500Bytes 时，表示数据段的长度；反之，表示数据帧的类型，如值为 0x0800，表示数据段为 IP 包；值为 0x0806，表示数据段为 ARP 包。这些数据成员的引入方便了驱动程序的设计，体现了软硬件互相配合协同工作的思路。当然，发送数据包的格式是 802.3 帧的真子集。发送包帧结构如表 2-4 所示（单位：位）。其中目的地址和源地址（网卡的物理地址）都是 48 位，前导序列、帧起始位、CRC 校验由网卡芯片自动添加/删除，与上层软件无关。

表 2-3　RTL8019AS 接收包帧结构

接收状态	下页指针	帧长度	目的地址 DA	源地址 SA	类型 TYPE/数据长度 LEN	数据 DATA	填充 PAD	帧校验 FCS
8	8	16	48	48	16	46～1500（字节）	可选	32

表 2-4　RTL8019AS 发送包帧结构

目的地址 DA	源地址 SA	类型 TYPE/数据长度 LEN	数据 DATA	填充 PAD
48	48	16	46～1500（字节）	可选

2.3.4　RTL8019AS 网卡的初始化

为了使系统中的网卡芯片处于工作状态，能够通过它接收和发送数据，必须对与工作状态相关的寄存器进行初始化。主要有命令寄存器 CR、数据结构寄存器 DCR、远程字节数寄存器 RBCR、页面开始寄存器 PSTART、页面停止寄存器 PSTOP、中断状态寄存器 ISR、中断屏蔽寄存器 IMR、实际地址寄存器 PAR0～PAR5、多点地址寄存器 MAR0～MAR5、当前页面寄存器 CURR、发送结构寄存器 TCR、接收结构寄存器 RCR、边界寄存器 BNRY 等寄存器。程序中网卡初始化由函数 void initRTL8019（void）来实现，初始化过程如下：

① 网卡工作前，首先对其进行复位操作，RSTDRV 为网卡芯片的复位引脚，且高电平有效，但至少需要 800ns 的宽度。给网卡的 RSTDRV 引脚送高电平，可接单片机的复位信号进行硬件复位，同时为了保证彻底地复位，在初始化程序中通过程序进行软复位。即读入 1FH 复位端口数据，再将数据写回该地址即可对 RTL8019AS 进行软复位。

② 向命令寄存器 CR（00H）写入 21H，选择寄存器页面 0，网卡停止运行，因为还没有初始化。设置数据配置寄存器 DCR（0EH）为 58H，设置发送配置寄存器 TCR（0DH）为 02H。

③ 设置远程 DMA 计数器 RBCR1（0BH）、RBCR0（0AH）值为 0000H，设置接收配置寄存器 RCR（0CH）为 04H。

④ 划分缓冲区为接收缓冲区和发送缓冲区，并建立接收缓冲环：设置 TPSR（04H）为 40H，PSTART（01H）为 46H，PSTOP（02H）为 60H，BNRY（03H）为 46H。

⑤ 设置 CR 为 61H，选择寄存器页面 1。

⑥ 设置网卡物理地址寄存器，把物理地址写入 PAR0（01H）～ PAR5（06H）。

⑦ 设置当前页面寄存器 CURR（07H）为 PSTART＋1，即 47H；清除多址寄存器，即 MAR0（08H）～MAR7（0FH）为 00H。

⑧ 设置 CR 为 21H，选择寄存器页面 0；清除中断状态寄存器，设置 ISR（07H）为 0FFH；设置中断屏蔽寄存器 IMR（0FH）为 00H，屏蔽所有的中断请求。

⑨ 设置发送配置寄存器 TCR（0DH）为 00H；设置 CR 为 22H，选择页 1 的寄存器，使 RTL8019AS 进入正常工作状态。

以上仅仅从网卡工作方式下寄存器数据的几个设置方面，简要说明了网卡初始化过程，寄存器设置的具体数据需要参考每个寄存器的具体功能和每位的详细说明才能确定。实际上，网卡初始化前还有大量的工作要做，要根据开发的系统硬件的连线结构去定义网卡内部寄存器的地址，通过地址的选择去选取相应的寄存器对其进行读写数据操作。至此，RTL8019AS 的初始化过程全部完成。

2.3.5 帧接收过程

网卡芯片初始化后，最主要任务便是处理数据帧的接收和发送。帧的接收过程分为两步：第一步由本地 DMA 将帧存入接收缓冲环（Buffer Ring）中；第二步由远程 DMA 将接收缓冲环中的帧读入内存。

RTL8019AS 接收到的数据通过 MAC 比较、CRC 校验后，由 FIFO 存到接收缓冲区，FIFO 逻辑对收发数据作 16 字节的缓冲，以减少对本地 DMA 请求的频率。收满一帧后，以中断或寄存器标志的方式通知主处理器。

帧的接收工作由 RTL80I9AS 自动完成，只需对相关的寄存器和 PSTART、

PSTOP、CURR 和 BNRY 进行适当的初始化即可。帧读入之前，必须初始化相应的寄存器 RSAR（远程起始地址寄存器）、RBCR（远程字节数寄存器），然后再启动远程 DMA 读操作和主机程序的读端口操作。为了获得数据长度，先读入 18 个字节的数据，然后根据读取的有效数据长度将帧完整的读入。启动远程 DMA 读操作，应该令 CR＝0AH，远程 DMA 将从接收缓冲环的 DMA 地址处读入 1 字节并送往 I/O 数据端口，由主机程序读入内存，过程一直持续到 RBCR 为 0 为止。

在设计中，考虑 RTL8019AS 有 16Kb 的 RAM，可划分为接收缓冲区和发送缓冲区，接收缓冲区构成一个循环的 FIFO 队列，数据帧的接收是由网卡的本地 DMA 自动完成，本地 DMA 使用缓冲区对接收的数据帧进行缓存。该循环的 FIFO 队列由一系列固定长度的缓冲区组成，每个缓冲区的长度为 256bytes，称为一页。PSTART、PSTOP 两个寄存器限定了循环队列的开始和结束页，当前页寄存器（CURR）指向新接收到的帧要存放的起始页，作为本地写指针。界限指针寄存器（BNRY）指向还未读的帧的起始页，作为远程 DMA 的读指针。当 CURR 寄存器追上 BNRY 寄存器，表示接收缓冲区已满，芯片停止接收数据包。当 BNRY 寄存器追上 CURR 寄存器，表示接收缓冲区为空。

程序中接收过程主要由四个函数来实现：

① RTL8019beginPacketRetreive（void）函数主要判断在缓冲区里有没有数据帧到达，如果有数据获取前 4Bytes 数据，包括接收状态、下一页指针、以太网帧的长度，最后返回以太网帧的长度。

② RTL8019retreive Packet Data（unsigned char ＊ localBuffer，unsigned int length）函数的功能是通过启动远程 DMA 的读操作，将接收缓冲区中的数据复制到用户缓冲区中以被程序使用。

③ RTL8019end Packet Retreive（void）函数为结束远程 DMA 操作，清除 ISR 寄存器中的 RDC 位，设置 BNRY 指向下一页指针。

④ RTL8019dev_poll（void）函数是将前 3 个函数的应用，也即数据帧的接收函数，实现数据帧的接收过程。

具体实现如下：

```
unsigned int RTL8019dev_poll (void)
{
    unsigned int packetLength;
    packetLength = RTL8019beginPacketRetreive ( );
    if ( ! packetLength)
        return 0;
    if ( packetLength> IP _ BUFSIZE)
        {
        RTL8019endPacketRetreive ( );
        return 0;
```

```
        }
    RTL8019retreivePacketData（ IP_buf，packetLength）;
    RTL8019endPacketRetreive（ ）;
    return packetLength;
}
```

其中，$\mu IP\_BUFSIZE$ 是用户缓冲区的大小，μIP_buf 是用户缓冲区。

2.3.6 帧发送过程

发送过程指发送方将待发送的数据按帧格式要求封装成帧，再通过处理器的 I/O 通道和网卡的远程 DMA 通道将数据写入本地发送缓冲区，然后将帧发送到网络的传输线上，由接收方接收。即当主控制器向网上发送数据时，先将一帧数据通过远程 DMA 通道送到 RTL8019AS 中的发送缓冲区，然后发出传送命令，当 RTL8019AS 完成了上帧的发送后，再开始此帧的发送。

将目的 MAC 地址（6Bytes）、源 MAC 地址（6Bytes）、类型/数据长度字段（2Bytes）、待发送的数据依次按发送包帧结构装配成一帧数据。但要注意帧封装时的长度要求，其中数据段可以包含 46～1500Bytes 的数据，少于 46Bytes 时，需要填充一些无用的数据，当超过 1500Bytes 时，需要拆成多个帧传送，但本系统程序为了简化编程不提供。

程序中发送操作也是由四个函数来实现的：

① RTL8019begin Packet Send（unsigned int packet Length）函数的参数 packet Length 是要发送数据长度，将发送数据长度送 TBCR 寄存器同时发送缓冲区的起始地址送 TPSR 寄存器，然后启动远程 DMA 写操作。

② RTL8019send Packet Data（unsigned char * local Buffer，unsigned int length）函数是把将要发送的存储在 μIP_buf 的数据写到 RTL8019AS 内部的发送缓冲区中，RTL8019AS 会自动按以太网协议完成发送并将结果写入状态寄存器。

③ RTL8019end Packet Send（void）函数的功能为结束远程 DMA 写操作，清除远程 DMA 中断。

④ RTL8019dev_send（void）是完成发送数据的实现函数。

具体实现如下：

```
void RTL8019dev_send（void）
{
    RTL8019beginPacketSend（ μIP_len）;
    If（ μIP_len< = TOTAL_HEADER_LENGTH）
    {
        RTL8019sendPacketData（ μIP_buf，μIP_len）;
    }
```

```
        Else
{
μIP _ len- = TOTAL _ HEADER _ LENGTH;
RTL8019sendPacketData ( μIP _ buf，TOTAL _ HEADER _ LENGTH ) ;
RTL8019sendPacketData ( ( unsigned char * ) μIP _ appdata，μIP _ len ) ;
}
RTL8019endPacketSend ( ) ;
}
```

　　其中，$\mu IP \_ len$ 为要发送数据长度，$TOTAL \_ HEADER \_ LENGTH$ 为以太网帧的首部长度，$\mu IP \_ buf$ 为发送缓冲区，$\mu IP \_ appdata$ 为要发送数据指针。

2.4　μIP 协议栈的实现

　　嵌入式 Web 服务器要接入以太网，必须遵守以太网上的通信协议。目前，以太网上广泛使用的 TCP/IP 协议是一个比较复杂的协议集，需占用大量系统资源。而嵌入式应用系统的资源非常有限，对硬件资源有限的单片机来说，TCP/IP 协议过于庞大，不可能像 PC 机那样完全实现，从要实现的功能上讲也没有必要完全实现。因此，需要对 TCP/IP 协议栈进行适当简化并加以改进，以满足嵌入式系统应用的要求。本节在剖析 TCP/IP 协议的基础上，对 TCP/IP 的精简原则和方法进行了详细的论述，重点论述 μIP 协议栈的移植实现以及和上下层程序接口的实现方法。

2.4.1　TCP/IP 协议

2.4.1.1　TCP/IP 分层的结构

　　TCP/IP（Transmission Control Protocol/Internet Protocol）协议是发展至今最成功的通信协议，它被用于构筑当今最大的开放式网络（Internet）就是其成功的证明。更重要的原因是 TCP/IP 是一个开放式通信协议，开放性意味着在任何组合间，不管这些设备的物理特征有多大差异，都可以进行通信。而现在最常用的两个模型是开放式系统互联（Open Systems Interconnect，OSI）参考模型和 TCP/IP 参考模型，这些模型都是通过将网络分为各种功能模块，从而极大地提高了网络的可理解度。

　　国际标准化组织（ISO）开发了开放式系统互联（OSI）参考模型，以促进计算机系统开放互联。开放式互联就是可在多个厂家的环境中支持互联，该模型为计算机间开放式通信所需要定义的功能层次建立了全球标准。虽然 OSI 参考模型最初的设计目标是为开放式通信协议设计一个体系结构框架，但它并没有达到这一目标。实际上，这一目标现在已经完全被贬为一个学术结构。到现在为止，该模型是一个非常完美的用于解释开放式通信概念的方式，并且是在一个数据通信会话中所必需功能的逻辑顺序。

与 OSI 参考模型不同，TCP/IP 模型更侧重于互联设备间的数据传送，更强调功能分布而不是严格的功能层次划分，它比 OSI 模型更灵活。因此 OSI 参考模型在解释互联网络通信机制上比较合适，但 TCP/IP 成了互联网络协议的市场标准。OSI 参考模型和 TCP/IP 参考模型的比较如表 2-5 所示。

从表 2-5 中可以看出，TCP/IP 参考模型虽然简化为四层，但却实现了 OSI 参考模型的所有相同功能。

表 2-5 OSI 参考模型和 TCP/IP 参考模型比较

OSI 参考模型层次描述	OSI 层次号	TCP/IP 层次描述	主要协议及应用
应用层	7	应用层	HTTP、Telnet、
表示层	6		SMTP、FTP、
会话层	5		SNTP
传输层	4	运输层	TCP 和 UDP
网络层	3	网络层	IP（ARP、RARP）
数据链路层	2	链路层	设备驱动程序及接口卡
物理层	1		比如 Ethernet、ATM、FDDI

2.4.1.2 TCP/IP 模型剖析

网络协议通常分不同层次进行开发，每一层分别负责不同的功能。同样 TCP/IP 协议也是一个分层的不同层次上的多个协议的集合，它包括 4 个功能层：应用层、运输层、网络层和链路层。它们的层次关系如图 2-6 所示。

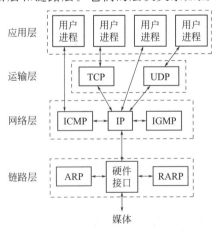

图 2-6 TCP/IP 协议族中不同层次的协议结构

① 链路层　链路层包括用于物理连接和传输的所有功能。OSI 模型把这一功能分为两层：物理层和数据链路层。TCP/IP 参考模型把这两层合在一起。链路层指定如何通过网络物理地址发送数据，包括直接与网络传输介质（如同轴电缆、光纤或双绞线）接触的硬件设备如何将比特流转换为电信号。链路层提供 TCP/IP 与各种物理网络的接口。这一层没有 TCP/IP 的通信协议，而是使用介质访问协议，如以太网、令牌环、RS-232 等，为高层提供传输服务。

② 网络层　有时也称作互联网层，IPv4 的网络层由在两个主机之间通信所必需的协议和过程组成。在 TCP/IP 协议族中，网络层由 4 部分组成：IP 协议（网际协议）、ICMP（因特网控制报文协议）、ARP（地址解析协议）、RARP（反向地址解析协议）。IP 是网络层上的主要协议，同时被 TCP 和 UDP 使用。TCP 和 UDP 的每组数据都通过端系统和每个中间路由器中的 IP 层在互联网中进行传输。

③ 运输层　运输层主要为两台主机上的应用程序提供端到端的通信，包括两个协议实体：传输控制协议（TCP）和用户数据报协议（UDP）。

TCP 为两台主机提供高可靠性的数据通信，它所做的工作包括把应用程序交给它的数据分成合适的小块交给下面的网络层、确认接收到的分组、设置发送和最后确认分组的超时时钟等。由于运输层提供了高可靠性的端到端的通信，因此应用层可以忽略所有这些细节。在 TCP/IP 协议族中，网络层 IP 提供的是一种不可靠的服务，也就是说，它只是尽可能快地把分组从源结点送到目的结点，但是并不提供任何可靠性保证。而另一方面，TCP 在不可靠的 IP 层上提供了一个可靠的运输层。为了提供这种可靠的服务，TCP 采用了超时重传、发送和接收端到端的确认分组等机制。

UDP 则为应用层提供了一种非常简单的服务，作用是将称作数据报的分组从一台主机发送到另一台主机，但并不保证该数据报能到达另一端，任何必需的可靠性必须由应用层来提供。

④ 应用层　应用层负责处理特定的应用程序细节，提供远程访问和资源共享。比如 HTTP、Telnet、FTP、SMTP、SNTP 以及很多其他应用程序驻留并运行在此层，并且依赖于底层提供的功能。

（1）ARP 协议

地址解析协议（Address Resolution Protocol，ARP）是在仅知道主机 IP 地址时确定其物理地址的一种协议。因 IPv4 和以太网的广泛应用，其主要用作将 IP 地址翻译为以太网的 MAC 地址，但其也能在 ATM 和 FDDI 网络中使用。在 ARP 缓存中添加项，将 IP 地址 inet_addr 和物理地址 ether_addr 关联。物理地址由以连字符分隔的 6 个十六进制字节给定，使用带点的十进制标记指定 IP 地址。

在浏览器中输入网址后，DNS 服务器会自动把它解析为 IP 地址。浏览器实际上查找的是 IP 地址，而不是网址。局域网中通过 ARP 转换 IP 地址为第 2 层物理地址（MAC 地址），在局域网中，网络中实际传输的帧中包括目标主机的 MAC，一台主机要和另一台主机直接通信，必须知道目标主机的 MAC 地址，这个目标 MAC 地址通过 ARP 获得。

以太网上的数据通信是依靠硬件的 48 位 MAC 地址来识别的，以太网设备并不识别 32 位 IP 地址。因此，系统需要具有将 IP 地址转换为 MAC 地址的功能。ARP 协议可以实现这种功能。ARP 协议可细分为 ARP 请求协议和 ARP 响应协议。ARP 请求协议应用于系统根据 IP 地址主动向其他计算机索取 MAC 地址，其意思是"如果你是这个 IP 地址的拥有者，请回答你的 MAC 地址。"ARP 响应协议应用于 ARP 请求中的 IP 地址和当前系统的 IP 相符时，系统向对方提供本系统的 MAC 地址，其实质是"我的 IP 地址和查找 MAC 地址的 IP 地址相符，我提供我的 MAC 地址。"

（2）ICMP 协议

ICMP 是 Internet Message Protocol 的缩写，意思是网际消息控制协议。ICMP 是 TCP/IP 协议套件中的辅助维护协议，每个 TCP/IP 实施中都需要该协议，Internet 控制报文协议是 IP 的一个组成部分，用于辅助 IP 协议功能，帮助网络上所有节点实现简单的诊断并返回错误消息提供差错报告。ICMP 处理几种类型的差错报告，并总是向发出数据包的源站报告。

ICMP 整个协议的实现是复杂的，它可以完成检查目的地址是否可以到达，用于拥塞和数据流控制，通知路由器改变路由信息，检查路由是否形成回路等工作。根据嵌入式系统资源的情况，为了减少系统资源的占用量，所实现的 ICMP 协议中差错报告报文只保留源站抑制，查询报文只保留回送请求和应答，其他报文省略。

Ping 命令就是使用 ICMP 来确定远程系统的可访问性。在嵌入式 Web 服务器设计中，也应该通过 ICMP 协议来实现 Ping 操作，以检查开发的 Web 服务器是否可连通访问。

2.4.1.3 数据封装

TCP/IP 协议采用分层结构，实现也采用分层实现的方法。在程序的设计、实现过程中要了解封装和分用的概念，这也是协议栈精简和移植的原则。

当应用程序用 TCP 传送数据时，数据被送入协议栈中，然后逐个通过每一层直到被当作一串比特流送入网络。其中每一层对收到的数据都要增加一些首部信息（有时还要增加尾部信息），这个过程称作封装。该过程如图 2-7 所示。TCP 传给 IP 的数据单元称作 TCP 报文段或简称为 TCP 段（TCP segment），IP 传给网络接口层的数据单元称作 IP 数据报（IP datagram），通过以太网传输的比特流称作帧（Frame）。

图 2-7 中帧头和帧尾下面所标注的数字是典型以太网首部的字节长度，根据前面以太网的介绍，以太网数据帧的物理特性是其长度必须在 46～1500B 之间。由于 TCP、ICMP、IGMP 都要向 IP 传送数据，因此 IP 必须在生成的 IP 首部中

加入某种标识，以表明数据属于哪一层用了那种协议。为此，IP 在首部中存入一个长度为 8 位的数值，称作协议域。1 表示为 ICMP 协议，2 表示 IGMP 协议，6 表示 TCP 协议。

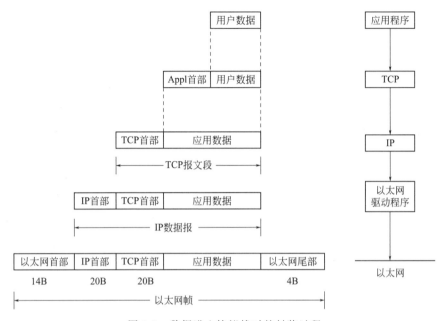

图 2-7　数据进入协议栈时的封装过程

许多应用程序都可以使用 TCP 或 UDP 来传送数据，运输层协议在生成报文首部时要存入一个应用程序的标识符。TCP 和 UDP 都用一个 16bit 的端口号来表示不同的应用程序，并把源端口号和目的端口号分别存入报文首部中。

网络接口分别要发送和接收 IP、ARP、RARP 数据，因此，也必须在以太网帧首部中加入某种形式的标识，用以指明生成数据的网络层协议。为此，前面介绍的以太网的帧首部也有一个 16bit 的帧类型域。

2.4.1.4　数据帧分用

当目的主机收到一个以太网数据帧时，数据就开始从协议栈中由底向上传送，同时去掉各层协议封装时加上的报文首部。每层协议都要去检查报文首部中的协议标识，以确定接收数据的上层协议，以太网帧要检查首部中的帧类型字段，IP 要检查首部中的协议值字段，TCP 和 UDP 要检查首部中的端口号字段来确定数据属于哪一个应用层，这个过程称作分用。该过程如图 2-8 所示。

2.4.2　μIP 协议栈的实现

2.4.2.1　TCP/IP 协议的精简

TCP/IP 实质上是一系列协议的总称、是实现 Internet 通信必不可少的部分，

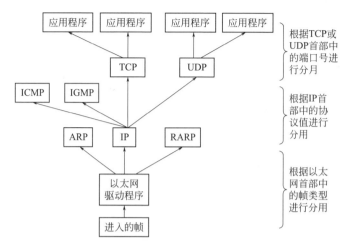

图 2-8   以太网数据帧的分用过程

包括十几个协议标准。而嵌入式系统中 TCP/IP 协议栈直接面对硬件，没有嵌入式实时操作系统的支持，在嵌入式系统中实现 TCP/IP 协议栈与在 PC 机上实现 TCP/IP 协议栈有很大的差别。

这里，需要解决的问题是庞大的 TCP/IP 协议和有限的嵌入式系统资源之间的矛盾。单片机作为 Web 服务器连上网，不需要全部的协议，且单片机资源有限，必须对协议精简。对协议栈进行适当简化不但可以节约硬件成本，而且能提高数据的传输速率。协议精简的原则是必须满足系统要实现的最基本功能，即整个硬件系统要想接入互联网上，首先必须要实现 ARP 协议，因为任何一个以太网数据帧要发送时都必须要知道对方的物理地址，这能通过 ARP 协议来取得；而应用程序必须通过 TCP/UDP 协议来实现向底层传输，在开发的系统中，为了实现信息能以网页的形式给用户交互，必须实现应用程序 HTTP 协议所需的 TCP 协议，TCP 协议提供可靠的、可重组的服务；而 IP 协议是 TCP、ICMP 协议数据的传输格式，也是必不可少的；ICMP 协议是调试系统时所不可缺少的，它可以提供网络连接的一些基本情况。

从上面协议的功能分析可知只要实现几个必备的就可以了，权衡之下求在最小代码、最小资源需求和功能实现间取得一个较好的平衡，只实现了 TCP（传输控制协议）、IP（网络层协议）、ICMP（因特网控制报文协议）、ARP（地址解析协议）四个协议，来组成一个小型化的 TCP/IP 协议。

2.4.2.2　μIP 协议栈的网络模型

根据实际需要该系统采用的协议栈是一种简化的 TCP/IP 4 层网络模型，分别为：链路层、网络层、传输层、应用层。

① 链路层：由控制同一物理网络上的不同机器间数据传送的底层协议组成，实现这一层功能的协议并不属于 TCP/IP 协议组。链路层部分由单片机控制的以太网卡控制器 RTL8019AS 完成，其数据通信协议采用 IEEE802.3 标准，只处理

接收地址与本系统设置的物理地址相符的或为广播地址的以太网数据。该网卡芯片控制器的主要功能：逻辑链路控制子层（LLC）向高层提供逻辑接口，具有帧发送和接收功能。发送时把要发送的数据加上地址和 CRC 校验构成帧；接收时把帧拆开、执行地址识别和 CRC 校验，并具有帧顺序控制、差错控制和流控制等功能。介质访问控制子层（MAC）管理链路上的通信和各节点之间的通信。在物理层，根据标准规定的信号编码和介质，建立物理连接，包括位流的传输和接收、同步字符的产生和删除等。

② 网络层：网络层让信息可以发送到相邻的 TCP/IP 网络上的任一主机上，IP 协议就是层中传送数据的机制。同时为建立网络间的互联，应提供 ARP 地址解析协议以实现从 IP 地址到数据链路层物理地址的映像。网络层实现 IP、ARP 和 ICMP 协议。

③ 传输层：传输层让网络程序通过明确定义的通道及此特性获取数据，如定义网络连接的端口号等，要实现的该层协议有传输控制协议 TCP 和用户数据报协议 UDP。在系统中，传输层实现了 TCP 协议，用于支持应用层的 HTTP 协议。

④ 应用层：网络应用层要有一个定义清晰的对话过程，如通常所说 HTTP、FTP、TELNET。通过以太网和 TCP/IP 传输数据，实现 Ethernet 和数据终端的交互通信。在开发的系统中，为了实现 Web 服务器的基本功能，在传输层 TCP 协议的基础上应用层采用了 HTTP 协议。

2.4.2.3　μIP 协议栈的分析

嵌入式 TCP/IP 协议栈作为整个软件系统的核心占有举足轻重的位置。嵌入式以太网技术的关键也就是 TCP/IP 协议栈在嵌入式系统中的应用，如何针对嵌入式系统的特点对原有的 TCP/IP 协议栈进行适当精简成为研究的关键。系统在对 TCP/IP 协议栈进行深入分析研究后，从一个免费的 TCP/IP 协议栈软件——μIP 中选取移植了 4 个最重要的协议：ARP、IP、ICMP 和 TCP。根据上面介绍的协议栈的精简，这 4 个协议基本满足了系统功能的需求。

μIP 协议栈是瑞典计算机研究所 Adam Dunkel 设计的一个极小的 TCP/IP 协议栈。μIP 使用 C 语言编写，使其方便移植到单片机程序中。并且 μIP 协议栈的代码大小和 RAM 的需求比其他一般的 TCP/IP 栈要小，这就使得它可以方便的应用到各种低端系统上。

μIP 是一种免费公开源代码的小型 TCP/IP 协议栈，专门为 8 位和 16 位 MCU 编写。简单易用，资源占用少是它的设计特点。它去掉了许多全功能协议栈中不常用的功能，而精简保留作为嵌入式系统进行网络通信所必要的协议机制。μIP 的源代码只有几千字节，RAM 占用仅几百字节，但 μIP 实现了 TCP/IP 协议集的四个基本协议：ARP 地址解析协议、IP 网际互联协议、ICMP 网络控制报文协议和 TCP 传输控制协议，而 UDP 协议则根据需要作为可选模块来实现。

 μIP 处于网络通信的中间层，并不针对某种网络设计，具有与下层的接口媒体无关性。建立在其上面的协议被称之为应用程序，在整个程序中也即 HTTP 协议；而下层硬件或固件被称之为网络设备驱动，也即前面介绍的网卡驱动程序。μIP 在网络协议中的体系结构如图 2-9 所示。

μIP 协议栈可以看作是一个代码库为系统提供确定的函数。它采用了一个事件驱动接口，通过调用应用程序响应事件。用户可以方便的调用接口函数来实现 TCP/IP 协议，μIP 与系统底层的接口包括与设备驱动的接口和系统定时器的接口两类。μIP 提供三个函数到系统底层：μIP _ init（）、μIP _ input（）和 μIP _ periodic（）。应用程序必须提供一个回应函数给 μIP。当网络或定时事件发生时，调用回应函数。图 2-10 展示了 μIP 与系统底层及应用程序之间的关系。

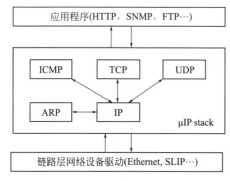

图 2-9　μIP 协议的体系结构

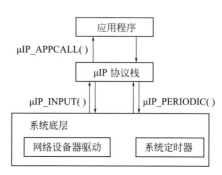

图 2-10　μIP 协议的上下层接口图

 μIP 协议栈内核中有两个函数直接需底层设备驱动程序的支持，它们分别是 μIP _ input（）和 μIP _ periodic（）函数。μIP 协议栈通过函数 μIP _ input（）和全局变量 μIP _ buf、μIP _ len 来实现与网卡驱动程序的接口。μIP _ buf 用于存放接收的和要发送的数据包，为了减少存储器的使用，接收数据包和发送数据包使用相同的缓冲区。μIP _ len 则指明接收发送缓冲区里的数据长度，通过判断 μIP _ len 的值是否为 0 来判断是否接收到新的数据或者是否有数据要发送。当设备驱动接收到一个 IP 包并放到输入包缓存区（μIP _ buf）后，应该调用 μIP _ input（）函数。μIP _ input（）函数是 μIP 协议栈的底层入口，由它处理收到的 IP 包。当 μIP _ input（）返回时，若有数据要发送，则发送数据包也放在包缓冲区里。包的大小由全局变量 μIP _ len 指明。如果 μIP _ len 是 0，表明没有包要发送；如果 μIP _ len 大于 0 则调用网络设备驱动发送数据包。

TCP/IP 协议要处理许多定时事件，例如包重发、ARP 表项更新。系统计时用于为所有 μIP 内部时钟事件计时。当周期计时激发，每一个 TCP 连接应该调用 μIP 函数 μIP _ periodic（）。TCP 连接编号作为参数传递给 μIP _ periodic（）函数，μIP _ periodic（）函数检查参数指定的连接状态，如果需要重发则将重发数据放到包缓冲区（μIP _ buf）中并修改 μIP _ len 的值。当 μIP _ periodic（）

函数返回后，应该检查 μIP_len 的值，若不为 0 则将 μIP_buf 缓冲区中的数据包发送到网络上。

应用程序作为单独的模块由系统根据具体的需求来实现，μIP 协议栈提供一系列接口函数供用户程序调用。用户需将应用层入口程序定义为宏 $\mu IP\_$ APPCALL（），作为接口提供给 μIP 协议栈。μIP 在接收到底层传来的数据包后，若需要送到上层应用程序处理，它就调用 $\mu IP\_APPCALL$（）。如果加入应用程序状态的话，必须将宏 $\mu IP\_APPSTATE\_SIZE$ 定义成应用程序状态结构体的长度。

2.4.2.4　μIP 协议栈的移植

由上面对 TCP/IP 协议的精简分析和 μIP 协议栈的介绍可知，精简后的协议栈必须实现 IP、ARP、ICMP 和 TCP 协议。而 μIP 协议栈将除了底层硬件驱动和顶层应用层之外的所有协议集 "打包" 在一个 "库" 里。协议栈通过接口与底层硬件和顶层应用 "通信"。所以根据精简后的协议栈，必须把 μIP 协议栈里的 $\mu IP.c$、$\mu IP.h$、$\mu IP\_arp.c$、$\mu IP\_arp.h$、$\mu IP\_arch.c$、$\mu IP\_arch.h$、$\mu IPopt.h$ 7 个文件移植过来。其中头文件 $\mu IPopt.h$ 被用来设置 μIP 协议栈的配置选项；文件 $\mu IP\_arch.c$ 以及 $\mu IP\_arch.h$ 内部包含了与所使用的 CPU 体系结构相关的函数（如校验和算法等），以期望能使用特定于 CPU 体系结构的代码来提升代码的执行速度；文件 $\mu IP\_arp.c$ 和 $\mu IP\_arp.h$ 内包括了地址解析协议的实现，使得 μIP 协议栈支持以太网上的数据传输；文件 $\mu IP.c$ 以及 $\mu IP.h$ 内包含了 μIP 栈的具体的 TCP/IP 的实现，是 μIP 栈所有代码的核心部分。

移植的前面 6 个文件基本不做修改，可以满足精简后的 TCP/IP 协议。主要是 $\mu IPopt.h$ 头文件，它被用来设置开发的 Web 服务器的配置选项。在这个文件里设置的网卡物理地址、IP 地址、网关地址程序如下：

```
＃define μIP＿ETHADDR0  0x00 ;    ＃define μIP＿ETHADDR1  0xbd ;
＃define μIP＿ETHADDR2  0x3b ;    ＃define μIP＿ETHADDR3  0x33 ;
＃define μIP＿ETHADDR4  0x05 ;    ＃define μIP＿ETHADDR5  0x71 ;
＃define μIP＿IPADDR0  192 ;      ＃define μIP＿IPADDR1    168 ;
＃define μIP＿IPADDR2 13 ;        ＃define μIP＿IPADDR3    20 ;
＃define μIP＿NETMASK0 255;       ＃define μIP＿NETMASK1   255 ;
＃define μIP＿NETMASK2  254;      ＃define μIP＿NETMASK3   0 ;
＃define μIP＿DRIPADDR0  192;     ＃define μIP＿DRIPADDR1 168;
＃define μIP＿DRIPADDR2  13;      ＃define μIP＿DRIPADDR3  252 ;
```

这些配置选项的正确设置也是以后调试整个系统的重要依据。

同时由图 2-7 以太网帧中可知以太网首部为 14 个字节，也即在以太网帧中偏移 14 个字节后即是 IP 首部，其定义如下：

```
＃define UIP＿LLH＿LEN    14
```

另外由于 μIP 协议栈是以函数库的形式提供的，本身不提供底层网络驱动和上层应用程序。因此还必须把编写的底层 RTL8019AS 网卡驱动程序、应用层

HTTP 协议和 μIP 协议栈需要的系统定时器添加进来。

由网卡驱动程序可知，其与 μIP 协议栈是通过两个全局变量进行接口，变量 μIP _ buf 为收发缓冲区的首地址，μIP _ len 为收发的数据长度。这在网卡驱动程序的编写中可以多次的看到。同时在帧接收和帧发送函数中可以看出：RTL8019dev _ send（void）函数将 μIP _ buf 里的 μIP _ len 长度的数据发送到以太网上；RTL8019dev _ poll（void）函数将接收到的数据存储到 μIP _ buf 指定的缓冲区中，同时修改 μIP _ len 的值。通过这两个全局变量，就可以方便地把 μIP 协议栈和底层网卡驱动联系起来，从而使数据可以在底层硬件和上层 μIP 协议之间进行传递处理。

应用层和 μIP 协议栈之间的接口是通过宏定义来实现的。由前面的 μIP 协议栈的介绍可知必须将 μIP _ APPCALL（）定义为应用层的服务程序函数名，同时还必须将宏 μIP _ APPSTATE _ SIZE 定义成应用程序状态结构体的长度。参考 μIP 协议栈提供的一个应用例子，其部分程序如下：

```
#ifndef μIP _ APPCALL
#define μIP _ APPCALL        httpd _ appcall
#endif
struct httpd _ state {
  u8 _ t state;
  u16 _ t count;
  char * dataptr;
  char * script;
};
#ifndef μIP _ APPSTATE _ SIZE
#define μIP _ APPSTATE _ SIZE (sizeof (struct httpd _ state))
#endif
```

系统需要的定时器由 AT89C55WD 单片机上的 3 个定时器中的一个来实现，系统选择的是定时器 0 来实现与时间有关的事件定时。比如 μIP _ periodic（）函数每 0.5s 执行一次，ARP 表项每 10s 更新一次。其定时器程序设置如下：

```
void initTime (void)
{
    TR0  = 0;
    TMOD & = 0xF0;
    TMOD | = 0x01; // 设置单片机定时器 0 的工作方式为方式 1
    TH0  = ETH _ TO _ RELOAD >> 8;
    TL0  = ETH _ TO _ RELOAD; // 加载定时器 0 工作于方式时 1 设置的初值
    TR0  = 1; // 启动定时器 0 工作
    ET0  = 1; // 定时器 0 中断允许信号
    EA  = 1; // 中断总控制位允许信号
}
```

定时时间到的中断服务程序如下：

```
static void etherdev _ timer0 _ isr (void) interrupt 1 using 1
{
    TH0 = ETH _ T0 _ RELOAD >> 8;
    TL0 = ETH _ T0 _ RELOAD; // 重新加载定时器 0 工作于方式时 1 设置的初值
    tick _ count + + ; // 计数器累加，每 1/ 24s 计一次数
    return;
}
```

2.4.3　系统主程序的实现

在实现了网卡驱动程序和精简的 TCP/IP 协议栈两个最主要的程序之后，有了网卡驱动程序可以保证网卡与上层协议接口正常工作，有了精简的 TCP/IP 协议栈之后可以保证整个系统连接到以太网上。但整个程序实现的思想，就是通过大量的函数子程序来实现，所以系统的主程序也是非常主要的。

由图 2-5 可知，AT89C55WD 对 RTL8019AS 的访问，是通过统一的地址线直接进行查询读写，而没有采用 RTL8019AS 向单片机 AT89C55WD 发送中断请求的方式来读写网卡数据，这是因为 RTL8019AS 的数据传输率为 10Mbps，而 AT89C55WD 的处理能力和速度比较弱，如果采用中断的方式来处理网卡数据，AT89C55WD 则有可能会被频繁请求中断，与其处理能力不匹配。所以在系统的主程序中采用查询方式来工作，系统主程序流程如图 2-11 所示。

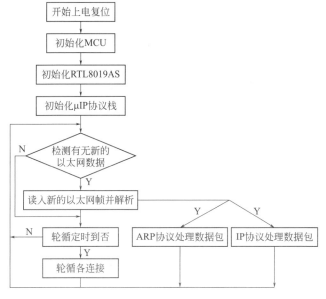

图 2-11　系统主程序流程图

其相应的主程序（用 C51 语言编写）如下：

```c
#include " main. h"    //把系统中定义的主程序头文件包括进来
static unsigned char tick _ count = 0;           // 时间计数器初始化
#define ETH _ CPU _ XTAL 11059200                 // 定义单片机控制器的晶振
#define ETH _ CPU _ CLOCK ETH _ CPU _ XTAL / 12   // 单片机的机器周期
#define ETH _ T0 _ CLOCK ETH _ CPU _ XTAL / 12    // 定时器 0 工作方式 1 的
                                                  // 时钟周期
#define ETH _ T0 _ INT _ RATE 24                  // 定时器 0 中断频率（Hz）
#define ETH _ T0 _ RELOAD      65536 - (ETH _ T0 _ CLOCK /ETH _ T0 _ INT _ RATE)
void initTime (void)
{
    TR0  = 0;
    TMOD & = 0xF0;
    TMOD | = 0x01; //设置单片机定时器 0 工作于方式时 1 设置的初值
    TH0 = ETH _ T0 _ RELOAD >> 8;
    TL0 = ETH _ T0 _ RELOAD;    //加载定时器 0 的设置的工作方式 1 初值
    TR0 = 1;     //启动定时器 0 工作
    ET0 = 1; // 定时器 0 中断允许信号
    EA = 1; // 中断总控制位允许信号
}
static void etherdev _ timer0 _ isr (void) interrupt 1 using 1
{
    TH0 = ETH _ T0 _ RELOAD >> 8;
    TL0 = ETH _ T0 _ RELOAD; // 重新加载定时器 0 工作于方式时 1 设置的初值
    tick _ count + +; // 计数器累加，每 1/24s 计一次数
    return;
}
void main (void)
{  u8 _ t xdata i, arptimer;    // 定义两个 8 位无符号的整数
   μIP _ init ( );    // μIP 协议栈初始化
   httpd _ init ( );    // 上层应用程序 http 初始化
   etherdev _ init ( );    // 以太网卡驱动程序初始化
   μIP _ arp _ init ( );    // ARP 协议初始化，这个函数是由 ARP 模块提供
   initTime ( );    // 周期性定时器初始化
   arptimer = 0;    // ARP 定时器初始化
   while (1)
     { μIP _ len = etherdev _ read ( );    //查询网卡是否有数据报到来
      If  ( μIP _ len = = 0)
        {  if (tick _ coun = = 11)
          { P1 _ 0 = 0; P1 _ 1 = 1; P1 _ 2 = 0; P1 _ 3 = 1; P1 _ 4 = 0; P1 _ 5 = 1; P1 _ 6 = 0;
```

```
                P1 _ 7 = 1;    // 设置测试灯信号的状态
            tick _ count = 0;
            for ( i = 0; i < μIP _ CONNS; i + + )
            {   μIP _ periodic ( i ); // 处理每一个 TCP 连接
                If ( μIP _ len > 0 )    // 说明本连接有数据要发送或重发由 ARP 处理
                                        // 部分添加以太网头，并由网卡驱动程序发送
                {  μIP _ arp _ out ( );
                    etherdev _ send ( );
                }
            }
            If ( + + arptimer = = 20 )
            //ARP 表项每 10s 更新一次，ARP 表项更新时间到
            { μIP _ arp _ timer ( );
                arptimer = 0;
            }
        }
    }
    else // 说明接收到新的数据报
    {  P1 _ 0 = 1; P1 _ 1 = 0; P1 _ 2 = 1; P1 _ 3 = 0; P1 _ 4 = 1; P1 _ 5 = 0; P1 _ 6 = 1;
        P1 _ 7 = 0;
        //设置测试灯信号的状态
    If ( BUF->type = = htons ( μIP _ ETHTYPE _ IP) )
    //判断如果收到的是 IP 数据包
    {       μIP _ arp _ ipin ( );    // 送 TCP/IP 协议栈中 ARP 模块进行表项更新
            μ IP _ input ( );    // 送 μIP _ input ( ) 进行处理
        if ( μIP _ len > 0 ) // 若 μIP _ input ( ) 返回后 μIP _ len 不为零说明
                            //有数据要回送
        {  μIP _ arp _ out ( );    // 由 ARP 部分添加以太网帧头
            etherdev _ send ( );    // 送交底层网卡驱动发送数据
        }
    }
    else if ( BUF->type = = htons ( μIP _ ETHTYPE _ ARP) )
// 如果收到 ARP 包，则由 μIP _ arp _ arpin ( ) 函数处理
        { μIP _ arp _ arpin ( );
            If ( μIP _ len > 0 )
    //如果数据长度大于 0，则说明收到的是 ARP 请求包，需要回送 ARP 应答包
                etherdev _ send ( );
//送底层网卡驱动 etherdev _ send ( ) 将数据发送
        }
    }
```

```
    }
    return;    // 返回主程序继续查询方式工作
}
```

2.5 嵌入式 Web 服务器的测试 ◀◀◀

在前面搭建的系统硬件和开发的软件基础上，要对嵌入式 Web 服务器系统进行测试，以验证系统开发的可行性，主要是硬件环境的组建以及软件的烧写调试，来验证系统是否达到预期的目的。

2.5.1 调试的软硬件环境

调试的硬件环境包括写入程序的嵌入式 Web 系统开发板、测试用的带网卡及网线的 PC 机，其开发的硬件测试系统如图 2-12 所示。

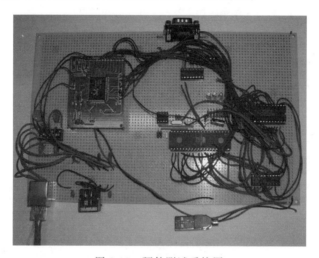

图 2-12　硬件测试系统图

测试的软件环境主要包括程序的编译烧写以及开发的嵌入式服务器的配置。

由移植的嵌入式 μIP 协议栈可知，硬件系统设置的网卡物理地址、IP 地址、网关地址的配置信息均在一个叫做 μIPopt.h 的头文件中。在本系统中设置 IP 地址的部分程序代码为：

```
#define μIP_IPADDR0  192;    #define μIP_IPADDR1  168;
#define μIP_IPADDR2  13;     #define μIP_IPADDR3  20;
```

这意味着开发的嵌入式 Web 服务器的地址为 192.168.13.20。当然也可以通过程序更改为其他的数值，但要符合现行 IPV4 版本地址的约定。

网卡 MAC 地址为 48 位，是由 IEEE 统一分配给网卡制造商进行设置的物理地址。在本系统中由于仅仅采用了网卡芯片，所以其 MAC 地址通过程序设置如下（MAC 在这里给定的值最好不要和网络上其他网卡的 MAC 地址一样，以防止接入外网时发生地址冲突，当然在调试中给出的是任意的）：

```
#define μIP_ETHADDR0   0x00；      #define μIP_ETHADDR1   0xbd；
#define μIP_ETHADDR2   0x3b；      #define μIP_ETHADDR3   0x33；
#define μIP_ETHADDR4   0x05；      #define μIP_ETHADDR5   0x71；
```

当然网关地址也可以修改为别的数值，修改为和系统调试用的机子在一个网段内仅仅是为了方便调试。

2.5.2　嵌入式 Web 服务器系统测试

2.5.2.1　Web 服务器基本功能的测试

嵌入式服务器基本功能的测试主要看网络是否连通，测试方法是在 DOS 环境下借助于 2 个常用的网络测试命令，在这里是 PING 和 ARP 命令。

PING（Packet Internet Groper 分组因特网搜索）命令用于测试与远程主机的连接是否正确。它使用 ICMP 协议向目标主机发送数据包，当目标主机收到数据包后会给源主机回应 ICMP 数据包，源主机收到应答信息后就可确定网络连接的正确性。如果源主机在规定的时间内没有收到应答，就会显示超时（time out）错误。根据命令返回的信息，可以推断 TCP/IP 参数设置是否正确以及程序运行是否正常。

PING 命令能够以毫秒（ms）为单位显示从发送请求到返回应答所用的时间。如果应答时间短，表示网络速度比较快或数据包不必通过太多的路由器。默认设置下，Windows 上运行的 PING 命令发送 4 个 ICMP 回送请求，每个 32 字节，如果一切正常，用户能得到 4 个应答。如果不正常，则得到 4 个超时信息。

PING 命令的格式是：PING［参数］　＜IP 地址＞

其中 PING 是命令动词，＜IP 地址＞是用户要连接的另一台主机（或者本机）的 IP 地址。

ARP 命令用于显示和修改“地址解析协议”（ARP）所使用的到以太网的 IP 或令牌环物理地址翻译表。在系统中，由精简协议集中的 ARP 协议为 32 位 IP 地址到以太网 48 位硬件物理地址之间提供动态映射。该命令只有在正确安装了 TCP/IP 协议之后才可用。

调试中将设置的 IP 地址为 192.168.13.20 的嵌入式 Web 服务器系统硬件与装有网卡的 PC 机相连，在系统底层驱动程序和主程序成功加载后，在 DOS 环境下测试验证结果如图 2-13 所示。

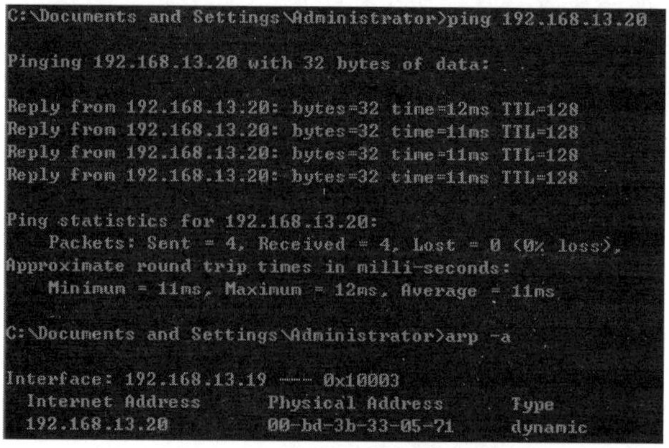

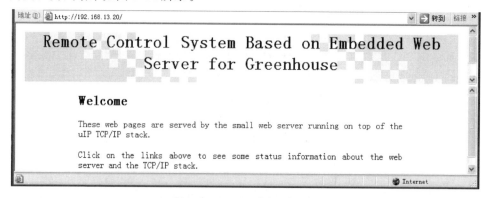

图 2-13　TCP/IP 协议测试图

从图 2-13 中可以看到，在 PING 到硬件系统设置的 IP 地址命令下，可以顺利收到 4 个 ICMP 回送应答，由于是 8 位单片机处理速度慢些，只是返回的时间是毫秒级更长些，不像 PC 机那样可以达到很短，但可知实现了最基本的 ICMP 协议。在 ARP 命令下，由图中可以看到解析的物理地址和预先在程序中固化的网卡芯片 MAC 地址一致，实现了服务器的 IP 地址到 MAC 地址的正确解析，也即成功的加载了 ARP 协议。

由测试结果分析可知在 DOS 环境下服务器成功的响应了 PING 命令和 arp 命令，证明系统软件中实现了 ICMP 协议和 ARP 协议，也即实现了最基本的嵌入式 TCP/IP 网络协议，从而使开发的 8 位嵌入式系统具有服务器的基本功能。

2.5.2.2　应用层协议的测试

在成功的加载 TCP/IP 协议的基础上，为了让嵌入式服务器具有 Web 功能，在上层应用程序上，要实现 HTTP 协议。其测试方法是借助于现在最普遍的 IE6.0 浏览器，通过在浏览器的地址栏输入服务器的 IP 地址去访问服务器中的网页，测试结果如图 2-14 所示。

图 2-14　HTTP 协议测试图

从图 2-14 中可以看到，在浏览器中可以成功的访问到服务器中存储的网页，从而验证实现了 HTTP 协议。

通过实际测试验证了整个系统开发的正确性和可行性，同时也说明以源码免费开放的 μIP 协议栈为基础实现的嵌入式 TCP/IP 协议栈具有极少的代码占用量和 RAM 资源需求，是嵌入式系统实现网络连接的理想协议栈。整个系统运行稳定，取得了比较满意的效果。

小结

为了应对嵌入式系统和大量智能电子设备联网的迫切需求，本章以实现 8 位 MCU 作为嵌入式 Web 服务器为目标，论证了技术可行性，在分析对比的基础上，提出系统总体设计方案，从系统硬件设计和软件设计两个方面开展研究。硬件设计完成了系统硬件的选型和电路设计、硬件电路 PCB 板的焊制、测试等；软件设计包括系统运行的主程序、以太网卡接口驱动程序、嵌入式 TCP/IP 协议栈的编写与实现；最后对系统的整体设计进行了实验验证。主要结论如下：

① 在分析系统需求的基础上，提出了基于 Atmel 公司的 AT89C55WD 型 8 位单片机和 Realtek 公司的 RTL8019AS 以太网控制芯片直接接入以太网的硬件总体方案，使低端的嵌入式系统可以成为 Web 服务器进行远程访问和资源共享。

② 根据系统功能的需求，在比较主要芯片性能的基础上选取了合适的硬件芯片，开发、制作了硬件系统，主要创新是用 8 位单片机直接实现和 RTL8019AS 以太网控制芯片的接口以便对其控制。该硬件系统成本低廉，在低端微控制器作为 Web 服务器接入以太网方面具有创新性，系统测试的成功说明了其开发实现的可行性。

③ 编写了 10M 以太网芯片 RTL8019AS 工作的初始化程序；主要通过对芯片内部结构和寄存器的深入分析，对系统工作中用到的寄存器通过主处理器进行了地址的映射，编写了寄存器的读写程序为编程读写数据提供了方便；通过对以太网通信机制的了解，编写网卡对数据帧的接收和发送程序，通过大量工作完成了网卡驱动程序的编写以及调试，这也是网卡芯片工作的前提条件。

④ 在仔细研究 TCP/IP 协议标准内核源代码和 μIP 协议栈的基础上，重点研究了微控制器中嵌入式 TCP/IP 协议栈的结构与实现，具体包括以太网协议、ARP 协议、ICMP 协议、IP 协议以及 TCP 协议。创新性地选取了 μIP 协议栈中的 4 个协议来组成一个嵌入 8 位单片机中的 TCP/IP 协议栈，

同时通过 μIP 协议栈提供的两个全局变量和两个宏定义实现了协议栈和底层网卡驱动、上层应用程序的接口。

⑤ 根据网卡芯片的工作方式，系统中所有数据的收发都要通过 RTL8019AS 芯片进行处理，为了减少网卡芯片对主控制器频繁的请求中断，在系统的主程序中实现了查询方式来工作，同时系统中网卡驱动、精简的 μIP 协议栈、系统定时器等都是通过函数来实现的，在主程序中主要就是调用各个函数来实现整个系统的软件程序。

参 考 文 献

[1] 刘晓升. 基于 8 位 MCU 的嵌入式 Internet 设计与实现[D]. 苏州：苏州大学，2004.

[2] 王兰. 嵌入式系统接入 Internet 的研究[D]. 武汉：武汉科技大学，2003.

[3] 吕京建. 嵌入式因特网技术的兴起与前景[J]. 今日电子，2000(S1)：4-5.

[4] 张伟，徐烁. 嵌入式系统　前景无限——访美国 WindRiver 公司中国区首席代表韩青先生[J]. 半导体技术，2002(2)：1-2.

[5] 姜书浩. 嵌入式 Web 服务器的设计与实现[D]，天津：天津师范大学，2005.

[6] 周小兵. 嵌入式系统 Internet 方案的设计与实现[D]. 成都：电子科技大学，2004.

[7] 李光辉，朱飞. 嵌入式 Internet 技术[J]. 电工技术杂志，2002(7)：12-14.

[8] 徐毓军，杨佃福. 一种基于嵌入式 Internet 的控制系统[J]. 电子技术应用，2002(4)：26-28.

[9] 曹洋. 嵌入式以太网 Web 服务器的设计与实现[D]，成都：西南交通大学，2004.

[10] Bentham J. 嵌入式系统 Web 服务器：TCP/IP Lean[M]. 陈向群，等译. 北京：机械工业出版社，2003.

[11] 王玉堂. 嵌入式以太网 Web Server 测控模块的研究与设计[D]，重庆：重庆大学，2004.

[12] 牛王强. 嵌入式网络仪器的研究[D]，西安：西北工业大学，2004.

[13] 李明，康静秋，贾智平. 嵌入式 TCP/IP 协议栈的研究与开发[J]. 计算机工程与应用，2002(16)：118-121，135.

[14] 洪锡军，陈彩琚，汪德才，李从心. 基于 Internet 的多功能远程监控报警系统[J]. 上海交通大学学报，2000(10)：1369-1371.

[15] 毕爱波，周东辉. 以 16 位单片机实现信息家电连接 Internet 的解决方案[J]. 微计算机信息，2005，21：79-81.

[16] 李润知，岳俭，李阳阳. 基于 Web 的嵌入式网络管理系统[J]. 计算机应用，2003(6)：95-97.

[17] 焦继业. 单片机嵌入式 TCP/IP 协议的研究与实现[D]，西安：西安科技大学，2004.

[18] 陈华. 基于 TCP/IP 网络技术的嵌入式系统的研究[D]，杭州：浙江大学，2004.

[19] 小泉[日]著. TCP/IP 基础及网络安全[M]. 叶明，张巍译. 北京：科学出版社. 2004.

[20] 李光弟. 单片机基础[M]. 北京：北京航空航天大学出版社，2001.

[21] 闫磊. 基于嵌入式以太网远程终端设备的研究[D]，沈阳：沈阳工业大学，2005.

[22] 杨将新，李华军，刘东骏. 单片机程序设计及应用[M]. 北京：电子工业出版社，2006，272-278.

[23] 黄训诚. 基于 RTL8019AS 的单片机 TCP/IP 网络通信[J]. 微电子学与计算机，2005(3)：228-230，235.

[24] 刘海波，柳瑞禹，郑桂林. 网卡底层驱动程序的编写[J]. 现代计算机(专业版)，2001(06)：90-93.

[25] 汤龙梅. CAN 总线与以太网互连系统设计与应用[D]，苏州：苏州大学，2005.

[26] 浦江，焦炳连，陆立康. 计算机网络应用基础[M]. 北京：机械工业出版社，2001，53-55.

[27] 徐敬东，张建忠. 计算机网络[M]. 北京：清华大学出版社，2002，14-15.

[28] 曹宇，魏丰，胡士毅. 用 51 单片机控制 RTL8019AS 实现以太网通讯[J]. 电子技术应用，2003(1)：21-23.

[29] 朱锋，许少云. 基于 W78E58B 单片机控制 RTL8019AS 的以太网通讯接口设计[J]. 电子质量，2004(11)：66-67，79.

[30] 李雅惠. 嵌入式 TCP/IP 栈设计及 WEB 应用开发[D]. 成都：西南交通大学，2004.

[31] 邓彬伟，张和平，朱绍文. 用 M16C/62 单片机控制 RTL8019AS 实现 TCP/IP 协议[J]. 山西电子技术，2004(5)：15-17.

[32] 袁学文，庞辉，肖文华. 以太网控制器 RTL8019AS 的工作原理及应用[J]. 电子质量，2003(5)：108-110.

[33] 雷震甲. 计算机网络技术及应用[M]. 北京：清华大学出版社，2005，45-87.

[34] 魏春杰. 嵌入式实时操作系统 UCOS-Ⅱ 应用技术研究[D]. 大连：大连海事大学，2004.

[35] 孙磊. 嵌入式以太网技术的研究[D]. 合肥：合肥工业大学，2004.

[36] 何世军. 嵌入式 Web Server 技术及在船舶系统中的应用[D]. 大连：大连海事大学，2005.

[37] 徐海军，刘金刚，王益华. 基于 ARM 核的嵌入式 TCP/IP 协议栈简化实现[J]. 计算机应用研究，2006(10)：251-253.

[38] 邹铁军，张国利，虞凌宏等. 基于嵌入式 μIP 的网络服务器的实现[J]. 电脑学习，2005(5)：17-19.

[39] 郝身刚，刘金江. 嵌入式系统中 TCP/IP 协议栈的研究[J]. 南阳师范学院学报(自然科学版)，2004(03)：78-80.

[40] 沈文，黄力岱，吴宗锋. AVR 单片机 C 语言开发应用实例—TCP/IP 篇[M]. 北京：清华大学出版社，2005，140-146.

[41] 胡文山，周洪. 基于 Java 实现工业以太网通信控制的一种简捷方法[J]. 自动化仪表，2005(1)：36-39.

[42] 刘东. 基于 51 单片机的嵌入式 Web 服务器[J]. 自动化信息，2004(5)：25-27.

[43] 徐海军，刘金刚，王益华. 基于 ARM 核的嵌入式 TCP/IP 协议栈简化实现[J]. 计算机应用研究，2006(10)：251-253.

[44] 黄叔武，刘建新. 计算机网络教程[M]. 北京：清华大学出版社，2004，107-115.

[45] 蓝玉龙. TCP/IP 协议及其工作原理[J]. 广西民族学院学报(自然科学版)，2000(2)：120-123.

[46] 杜茂康. 计算机信息技术应用基础[M]. 北京：清华大学出版社，2004，323-324.

[47] 苏强林，王果. 基于 INTERNET 的嵌入式网络设备设计[J]. 河南机电高等专科学校学报，2005(1)：38-40.

[48] 周申培. 基于嵌入式 Internet 技术的瘦服务器的应用研究与实现[D]. 武汉：武汉理工大学，2004.

[49] 任泰明. TCP/IP 协议与网络编程[M]. 西安：西安电子科技大学出版社，2004，5-55.

[50] 关丽荣. 单片机嵌入 TCP/IP 的研究与实现[D]. 沈阳：沈阳工业大学，2004.

[51] 张立云，马皓，孙辨华. 计算机网络基础教程[M]. 北京：清华大学出版社，北方交通大学出版社，2003，36-39，180-195.

[52] 徐祥征，曹忠民. 计算机网络与 Internet 实用教程-技术基础与实践[M]. 北京：清华大学出版社，2005，36-39.

[53] 孙磊，张崇巍. 以太网控制器芯片 RTL8019AS 及其远程抄表系统中的应用[J]. 仪器仪表用户，2004(1)：37-39.

[54] 张懿慧，陈泉林. 源码公开的 TCP/IP 协议栈在远程监测中的应用[J]. 单片机与嵌入式系统应用，2004(11)：61-64.

[55] 柴毅，王玉堂，陈禾. 基于以太网数据采集与控制模块的设计与应用[J]. 计算机测量与控制，2004(12)：1188-1191.

[56] 邱书波，陈伟. 基于 ARM 的轻量级 TCP/IP 协议栈的研究及移植[J]. 计算机应用与软件，2009，26 (8)：90-92.

[57] 桂锐锋，陆宁，周伟. 嵌入式瘦服务器的实现及在套色系统中的应用[J]. 微机发展，2005(5)：128-130.

[58] 杨小平，牛秦洲. 嵌入式系统网络接口模块设计[J]. 桂林工学院学报，2005(1)：104-108.

[59] 袁晓莉，徐爱均. 基于 C8051F020 的远程多点温度测控系统[J]. 电子设计应用，2005(7)：6-10.

[60] 黄长喜. 一种基于工业以太网的测控设备单元的体系结构[J]. 仪器仪表用户，2005(2)：99-101.

[61] 黄琛. 51 系列微处理器上操作系统和网络协议栈移植的研究[D]，武汉：华中科技大学，2004.

[62] 邓治国，张维新. μIP TCP/IP 协议栈在 51 系列单片机上的应用[J]. 微计算机信息，2004(3)：88-90.

[63] 吴胜昔，路东昕，赵霞. 基于嵌入式 TCP/IP 协议的数据采集器[J]. 微型电脑应用，2006(1)：28-31.

[64] 陈丽娟，白瑞林. 基于 IP2022 单芯片的嵌入式 Web 服务器设计[J]. 江南大学学报，2005(8)：348-351.

[65] 钱鹏江. 嵌入式 Web 系统的研究及实现[D]，南京：南京理工大学，2005.

[66] Tom Sheldon. 网络与通信技术百科全书[M]. 北京超品锐智技术有限责任公司 译. 北京：人民邮电出版社，2004，301-305.

[67] 沈勇，王贞勇. 基于 Web 的嵌入式系统设计与实现[J]. 计算机工程与用，2003(22)：119-121.

[68] 周晓峰，杨世锡，华亮. 单片机上简单 TCP/IP 协议的实现[J]. 微电子学与计算机，2004(2)：99-101.

[69] 刘恩涛，王沁. 单片机中 TCP/IP 协议子集的设计与实现[J]. 计算机工程与设计，2004(12)：2282-2284.

[70] 袁学文，庞辉，肖文华. 以太网控制器 RTL8019AS 的工作原理及应用[J]. 电子质量，2003(05)：108-110.

[71] 胡金初. 计算机网络[M]. 北京：清华大学出版社. 2004.

[72] 蔡阳，孟令奎. 计算机网络原理与技术[M]. 北京：国防工业出版社. 2005.

[73] Eric A. Hall 著. Internet 核心协议权威指南[M]. 张金辉译. 北京：中国电力出版社. 2002.

[74] Rob Scrimger 等著. TCP/IP 宝典[M]. 赵刚，林瑶，蓝智勇等译. 北京：电子工业出版社. 2002.

[75] 刘元安，叶靓，邵谦明，唐碧华. 无线传感器网络与 TCP/IP 网络的融合[J]. 北京邮电大学学报，2006 (6)：1-4.

第3章
精准养殖中奶牛体温检测研究

　　奶牛养殖业作为高效、经济的畜牧业，已成为我国国民经济的重要组成部分，对调整农业产业结构、发展农村经济、增加农民收入具有重大意义。根据国家奶牛产业技术体系监测数据，2016年我国奶牛存栏量为1469万头，随着散养户退出、规模养殖户带来整个奶牛养殖业生产主体结构的转变。奶牛场规模越大，管理越精细，对奶牛个体信息的采集要求越高。在奶牛养殖中，奶牛体温是衡量奶牛健康状况和生理状态的重要参数，奶牛体温的检测对于奶牛疾病诊断、发情预测、健康管理等有着重要意义。为此，本章重点围绕奶牛体温信息检测技术，分析国内外应用研究现状，并展望了奶牛体温检测的研究和发展方向。

3.1 奶牛体温

　　体温是哺乳动物非常重要的生理及健康指标，具有重要的生产应用价值。奶牛为哺乳动物也为恒温动物，正常情况下奶牛体温保持恒定，当奶牛疾病和发情时，其体温都会有明显变化。一般情况下，体温随昼夜和不同生理或病理状态在一定范围内呈规律性变化，比如，犊牛正常体温一般是38.5～39.5℃，青年牛为38.0～39.5℃，而成年牛则为38.0～39.0℃。奶牛体温在一天之内略有变动，早晨低，下午高。天热较天寒高，日晒或剧烈运动后其体温也会有所升高。奶牛疾病、热应激等原因会使其体温上升，出现发烧症状。一般情况下，奶牛体温高于正常范围即可确诊奶牛发烧。及时掌握奶牛体温的变化情况，可以为衡量奶牛的生理健康状况提供第一手资料，为奶牛发情和疾病提供判断依据。

3.2 奶牛体温检测方法 <<<

生理参数比如体温，是奶牛分娩、发情、热应激和疾病的重要指标，是奶牛表征的第一迹象。近年来，国内外学者对奶牛体温的检测研究取得了许多进展，获得了一些研究成果。

（1）手动测温

在临床上通常以直肠温度作为奶牛体温，传统的奶牛体温测量方法就是采用人工直肠测温方式，通过兽用水银或电子温度计，这种方式测量的体温虽然较为准确，但是需要专人负责，劳动强度大，容易引起奶牛疾病交叉传播，同时测温是否到位、时间是否充分、技术人员是否熟练、读数是否科学，都会影响到测温效果，不能满足规模化养殖的精细管理要求。

（2）自动测温

精准畜牧（Precision Livestock Farming，PLF）的基本思想是利用各种电子传感器持续地获取动物个体各时段资料，例如：体温、体重、呼吸、活动量、采食量、体况、肢蹄运动等指标。利用温度传感器和信息技术测温突破了手动测温的局限，实现了奶牛体温自动测量的突破。

① 自动接触测温　自动接触测温主要利用接触式的温度传感器，比如热电偶、热敏电阻、热电阻等接触式温度传感来检测奶牛温度的变化，并基于无线通信技术来实现奶牛温度的传输。贾北平等采用 DS18B20 数字温度传感器，基于无线收发芯片 nRF403 和 51 单片机系统实现了奶牛体温的自动接触测量。系统的应用能够对奶牛的体温进行定时、连续、无损伤、精确地测量和记录。武彦等采用 MF5A-4 型 NTC 热敏电阻作为温度传感器，基于 ZigBee 无线通信技术，实现了奶牛耳道温度的自动采集。

接触式测温直接与体温测量部位相接触，测温精度高，但针对奶牛这样的大型动物，全身被毛发覆盖，很难找到适合温度传感器固定的最佳位置及方法。同时接触式传感器测温系统设备成本高、易损坏，造成维护困难，难以推广。

② 自动非接触测温　自动非接触式测温主要采用非接触式的红外温度传感器与无线通信技术相结合来实现奶牛体温的非接触式测量。奶牛非接触式红外测温主要研究身体不同部位对奶牛体温的表征程度。郑艳欣等利用 TS105-6 红外温度传感器结合 nRF24E1 无线通信技术，实现了奶牛耳道温度的自动采集。范永存等采用 10TP583T 型红外温度传感器结合 ZigBee 无线通信技术，完成了奶牛体温的自动采集。

非接触式测温具有测温范围宽、速度快、不受时间限制等优点，但是奶牛体表毛发以及外界环境会对体温测量结果有一定影响，并且不适合规模化、集约化奶牛养殖的发展要求。

③ 自动植入式测温　不管是接触式还是非接触式测温，对于奶牛大型畜牧动物，其温度探头的安装、固定以及检测系统设备的供电都是实际测量中必须考虑的问题。最近几年来，植入式遥测成为生物医学测量技术发展最快的分支之一。

植入式测温是一种不同于接触式测温的无线遥测技术，可分为吞服式无线电胶囊和专用植入式遥测芯片。由于植入式测温能用埋植于体内（如生殖道、消化道）的温度检测装置直接获取体内温度信息，可以用来长期实时跟踪处于无拘束状态下的生物体体温参数的变化，同时，由于测量装置植入体内后，可保证植入装置处在接近恒温和少干扰的良好环境中，使处在自然状态下生物体参数的测量准确性大幅度提高。Y. Lee 等通过外科手术在荷斯坦牛的肩胛骨上下和颈部区皮下植入温度记录仪来进行体温的检测。

3.3　奶牛体温检测部位　◀◀◀

奶牛体温因其测量部位不同可以分为体核温度和体表温度，且整体上温度由体核向体表呈现递减趋势。而生理学上的体温（Body Temperature）是指身体深部的平均温度，因为直肠更接近体核，不易受外界环境影响，通常用直肠温度来代表体温。奶牛作为畜牧大型动物，其身体不同部位温度对直肠温度的指示关联程度不同。国内外学者近年来针对奶牛不同部位温度测量进行了研究，取得了一定的成果。

（1）直肠

奶牛为恒温动物，其生理情况相似，在环境变化较小情况下，直肠温度基本是恒定的，而个体间的差异可能来自生理、健康、代谢等状况的差异。因此在实际生产中，直肠温度最接近真实体温，常常被用来指示奶牛体温。一般通过人工手动测温来获取奶牛直肠温度，但是直肠部位不适合长期放置温度传感器，不能满足现代畜牧业信息化发展的要求。

研究表明，奶牛体温呈现一定年龄特征和昼夜节律。初生牛犊直肠（深9cm）温度为38.5℃，且不表现昼夜节律。不同于犊牛，成年母牛平均直肠温度（深15cm）为38.3℃，呈昼夜节律，变动范围为1.4℃，夏天体温日变化范围较冬天大。

（2）耳道

奶牛耳道孔径较大，暴露于体表，方便测量，测量时不影响奶牛的活动，且不易受外界环境影响，在一定程度上可以反映体温的变化，因此可以通过测量耳道温度来指示奶牛体温。但耳蜗神经末梢较为丰富，固定温度探头牛只反应比较剧烈，同时耳道内不易固定，易脱落，影响了推广使用。

武彦等采用嵌入式技术，设计了一套奶牛体温实时远程检测系统，该系统以MF5A-4 型 NTC 热敏电阻作为温度传感器，将传感器耳塞塞入奶牛耳道，测试结果表明，测量值与实际肛温差值为 1.69～1.74℃，且平均差值为 1.74℃，经软件补偿后与直肠温差不超过 0.1℃，表明耳温与直肠温度之间存在良好的线性关系，可以用来表征奶牛体温。

（3）阴道

相对于直肠和耳道温度，阴道与奶牛繁殖活动紧密相关，阴道温度能够反映不同繁殖生理期，对及时掌握奶牛发情、妊娠和分娩有重要指导意义。将集成温度传感器与无线发射装置的棒状无线遥测系统置入牛阴道，可以建立阴道温度实时监测技术，并可依据阴道温度来正确判断奶牛的排卵。该技术需要将测温探头深入到奶牛阴道深部，易于对奶牛身体造成损伤，同时由于受到母牛分娩等生理活动影响，该技术如何实现围产期监测还在深入研究中。

C. N. Lee 等通过在奶牛的阴道内放置温度探测器实现了对奶牛体温的测量。L. Mattias Andersson 等设计了通过阴道电导率和温度测量奶牛发情的无线传感器，该装置是自动化的发情检测，主要由电导率和温度探头、中央处理器、无线发射模块等组成，大约能进行 60000 次的测量和发射。

（4）瘤胃

最近几年来，通过食管对瘤胃内插入传感器开发研究已作为一种非侵入性的替代手术。瘤胃丸是指被咽到奶牛瘤胃中的一种设备，用于监视奶牛的生理状态，由于其有一定重量，被奶牛吞进后不会反刍，吐不出也不会被排出，停留在胃内可保持终身。这种方式简单可靠，并且可以在不伤害奶牛的情况下将温度传感器通过食道放置于奶牛体内。

研究表明瘤胃内温度被认为表征奶牛体温最有利的，因为它不受外界因素干扰。瘤胃温度已被确立为表征奶牛的直肠体温。由于活动产生热量的瘤胃微生物，瘤胃温度一般比奶牛的直肠体温约大于 0.5℃。通过瘤胃内类似于药丸状的温度传感器可以测量体温进而检测牛呼吸系统疾病和牛病毒性腹泻。

近十多年来，已建立了奶牛瘤胃体温自动实时监测技术。将集成温度传感器与无线发射装置的惰性瘤胃丸通过食道放入瘤胃，实现了奶牛瘤胃温度实时监测，但奶牛饮水、进食及消化活动对温度测量结果影响较大，影响了其奶牛身体状况的指示价值。

（5）鼻孔

奶牛体表毛皮厚实，表皮温度不能代表体内温度。鼻孔呼出气体热度的高低变化表征一次呼吸频率，同时呼吸气体热度又可以表征体内温度。尹令等基于无线通信技术，将 K 型热电偶放置在牛鼻孔处设计了奶牛体温自动采集系统。但固定于鼻孔处在牛吃草喝水时会把热电偶摩擦出来，造成温度传感器易脱落。如果能给牛戴上鼻环，则能较好解决这个问题。

小结

　　从近年来国内外研究现状来看，奶牛体温检测研究大多围绕着体温的自动采集展开，通过研究提高了奶牛体温检测的自动化程度和精度，提升了我国奶业综合生产能力，但针对奶牛这样的大型动物体温检测，还存在一些需要进一步研究和探讨的问题，主要包括以下几个方面：

　　① 尚缺乏实时有效、安装方便的检测奶牛体温的设备　由于奶牛体表被厚厚毛发覆盖，体表无毛部位较少，且体表接触式测温受外界环境温度影响较大，而已有研究均没有找到特别合适的固定位置；加上日常活动和外界因素的影响，很难从体表测得其体温。所以接触式测温因无法固定而不能应用于奶牛体表测温。同样由于奶牛体表被覆浓密厚实的毛发，针对医学建立的非接触式红外测温自动化检测系统，无法应用于奶牛体温检测。手术植入式检测奶牛体温需要对奶牛进行手术，操作比较复杂，违反动物福利法规，不适合实际生产使用。

　　② 接触式体温传感器对奶牛的应激性、适应性研究　接触式温度传感器虽然能较为准确地反映被测对象的温度，但对于奶牛这样的大型活体动物，接触式传感器作为一种外来设备，不论是体表还是体内接触，其本身会对牛体造成不利影响，因此应进一步研究接触式温度传感器对奶牛的应激作用。

　　③ 研究奶牛身体不同部位对体温表征程度　对于奶牛大型动物，其全身被毛发覆盖，影响了温度传感器测量的精度，同时奶牛在日常的活动中容易影响传感器节点的安装固定。所以进一步研究奶牛体内不同部位对体温的表征程度，选择合适的温度检测部位及恰当的安装方式。

　　④ 温度测量系统的无线、低功耗研究　利用热电偶、热电阻或红外温度探头、ZigBee 网络组建温度采集系统已经研究成熟，虽然摆脱温度传输布线的限制，但普遍都存在采集设备电池续航能力有限。特别对于植入体内的温度采集设备，比如阴道植入式或者瘤胃式温度采集仍受到供能问题和体积问题的困扰，供能的电池除了显著增加传感器体积之外，其续航时间一直是现有奶牛体温检测系统的瓶颈。如果能将无源无线传输的声表面波技术引入到奶牛的体温测量中，将从根本上改变现有的奶牛体温测量技术，真正实现

奶牛体温的无源无线采集。

⑤利用信息技术改变奶牛体温检测手段　奶牛养殖在逐步向现代精准养殖生产方式转变的过程中，传统的人工体温检测方式已不能满足规模化养殖的精细管理要求，自动化、信息化、智能化是未来奶牛养殖业发展的重要方向，必须依靠信息技术才能满足精细畜牧业发展的要求。现如今遥测和物联网技术的发展为研制体温检测设备奠定了技术基础。

⑥物联网和移动平台下的奶牛体温监测系统研究　"互联网＋"给现代畜牧业发展带来了机遇，随着移动互联网、大数据、物联网与畜牧业的结合，将奶牛体温采集设备连入互联网，并结合移动平台可以实时远程监测奶牛体温，及时地对奶牛的生产进行管理。

总之，深入研究奶牛不同部位温度变化规律，并开发不同的温度检测设备将其应用于奶牛生产，将推动奶牛养殖方式发生根本的变化，大幅提高奶牛养殖的效益和动物福利水平，对促进畜牧业向精准化、现代化、信息化、智能化发展具有重要意义。

参 考 文 献

[1] 刘长全，刘玉满.2017年中国奶业经济形势展望及相关建议[J].中国乳业，2017，2：19-23.

[2] 朱瑜红.基于无线传感器网络的奶牛舍环境监测系统设计[J].黑龙江畜牧兽医，2016(16)：59-61.

[3] 郑艳欣.基于NRF24E1奶牛体温无线收发系统的设计与研究[D].保定：河北农业大学，2010.

[4] 钟新.测牛体温早知牛病[J].农家之友，2016(2)：51.

[5] 魏丽.通过体温、脉搏率和呼吸频率的检查诊断牛病[J].养殖技术顾问，2014，42(11)：160.

[6] 何东健，刘冬，赵凯旋.精准畜牧业中动物信息智能感知与行为检测研究进展[J].农业机械学报，2016，47(5)：231-244.

[7] 贾北平，马锦儒，李亚敏.奶牛体温无线收发数据采集系统的设计与实现[J].农机化研究，2008(7)：99-101.

[8] 武彦，刘子帆，何东健，等.奶牛体温实时远程监测系统设计与实现[J].农机化研究，2012(6)：148-152.

[9] 郑艳欣，钱东平，霍晓静，等.基于NRF24E1无线奶牛体温数据采集系统设计[J].农机化研究，2010，32(3)：104-107.

[10] 范永存，张喜海，李建泽.奶牛体温监测系统数据采集终端设计[J].东北农业大学学报，2012，43(8)：48-52.

[11] 郭子平，刘华，颜国正，等.基于无线能量传输技术的植入式动物生理参数遥测系统[D].上海：上海交通大学，2012.

[12] Lee Y, Bok J D, Lee H J, et al. Body temperature monitoring using subcutaneously implanted thermo-loggers from holstein steers[J]. Asian-Australas Journal of Animal Sciences, 2016, 29(2): 299-306.

[13] 蔡勇，赵福平，陈新，等.牛体表温度测定及其与体内温度校正公式研究[J].畜牧兽医学报，2015，46(12)：2199-2205.

[14] 李小俊，王振玲，陈晓丽，等.奶牛体温变化规律及繁殖应用研究进展[J].畜牧兽医学报，2016，47(12)：2331-2341.

［15］武彦，刘子帆，何东健，等. 奶牛体温实时远程监测系统设计与实现［J］. 农机化研究，2012，34（6）：148-151.

［16］Suthar V S，Burfeind O，Patel J S，et al. Body temperature around induced estrus in dairy cows［J］. Journal of Animal Sciences，2011，94（5）：2368-2373.

［17］Reuter R R，Carroll J A，Hulbert L E，et al. Development of a self-contained，indwelling rectal temperature probe for cattle research.［J］. Journal of Animal Sciences，2010，88（10）：3291-3295.

［18］Lee C N，Gebremedhin K G，Parkhurst A，et al. Placement of temperature probe in bovine vagina for continuous measurement of core-body temperature［J］. International Journal of Biomete orology，2015，59（9）：1201-1205.

［19］Andersson L M，Okada H，Zhang Y，et al. Wearable wireless sensor for estrus detection in cows by conductivity and temperature measurements［C］：Sens IEEE，2016：1-4.

［20］薛渊. 瘤胃式电子标识：中国，201520065910. 8［P］. 2015-07-01.

［21］Ipema A H，Goense D，Hogewerf P H，et al. Pilot study to monitor body temperature of dairy cows with a rumen bolus［J］. Comput Electron Agric，2008，64（1）：49-52.

［22］Bewley J M，Einstein M E，Grott M W，et al. Comparison of reticular and rectal core body temperatures in lactating dairy cows.［J］. Journal of Dairy Science，2008，91（12）：4661-4672.

［23］Adams A E，Olea-Popelka F J，Roman-Muniz I N. Using temperature-sensing reticular boluses to aid in the detection of production diseases in dairy cows.［J］. Journal of Dairy Science，2013，96（3）：1549-1555.

［24］尹令，刘财兴，洪添胜，等. 基于无线传感器网络的奶牛行为特征监测系统设计［J］. 农业工程学报，2010，26（3）：203-208.

［25］房佳佳，李海军. 规模化生猪养殖环境监控系统研究现状与发展趋势［J］. 黑龙江畜牧兽医，2017（5）：115-119.

第4章
基于物联网的奶牛体温实时远程监测系统设计

传统奶牛体温测量方法采用直肠测温方式，人工通过兽用电子或水银温度计，这种方式测量的体温虽然较为准确，但是需要专人负责，劳动强度大，不能满足规模化养殖的精细管理要求，并且直肠部位不适合长期放置传感器来监测。为此，笔者提出了一种基于 Android 手机的奶牛体温实时远程监测系统，设计了奶牛温度采集终端节点，并开发了手机 APP 温度监测客户端，实现了移动平台下对奶牛体温的实时监测。

4.1 系统总体结构

为了实现奶牛体温的自动测量，设计了奶牛体温采集处理系统以及无线传输系统。主要由温度传感器、中央处理器、无线传输模块和 Android 移动平台监测系统等组成。

奶牛体温移动平台监测系统结构见图 4-1，系统以 STM32F103 微控制器为核心，采用接触式 DS18B20 温度传感器测量奶牛后腿腕部体温，ATK-ESP8266模块作为无线传输模块。系统工作原理：DS18B20 温度传感器将采集的奶牛体温经过 STM32 处理后，通过与控制器串口连接的 WiFi 模块，利用 WiFi 模块内置的 SOCKET 网络协议将体温数据封装后无线传输到远程安卓手机上。打开安卓手机端奶牛体温监测 APP，便可以实时监测查看奶牛的体温；同时，当温度测

图 4-1　奶牛体温移动平台监测系统结构图

量设备出现故障时，还可自动拨打牛场负责人电话；当奶牛体温超过正常温度值时，还可自动报警。

4.2　系统硬件设计　◀◀◀

系统硬件主要由奶牛体温采集终端和安卓手机构成。体温采集终端主要实现奶牛体温数据的就地采集与无线传送。安卓手机主要用来接收处理采集终端发送的温度数据并进行实时监测。体温采集终端由 STM32 控制电路、温度传感器、测温电路、无线传输电路、液晶显示以及电源等部分构成。由于安卓手机用现在普遍流行的智能手机即可，下面主要介绍体温采集终端硬件系统的设计。

4.2.1　STM32 控制电路

STM32 控制电路是整个系统的大脑，负责奶牛体温数据的采集、处理、发送等过程。复位电路由复位开关与 RC 滤波电路组成，STM32 的复位由默认的高电平被拉低后，STM32 单片机就可以自动进行一次复位。系统主要用到了 STM32 的串口中断，通过 STM32 的 PA2 引脚 RX 和 PA3 引脚 TX 与 ESP8266 的 8 引脚 TX、7 引脚 RX 引脚连接，并利用 STM32 官方提供的开源库调用串口中断函数，将采集后的体温数据发送到 ESP8266 的网络数据缓冲池内。

4.2.2　测温电路

接触式温度传感器精确性和灵敏度均较高，能真实地反映奶牛的体温，近年来被广泛地应用于奶牛养殖业。本系统采用 DS18B20 新型数字温度传感器来测量奶牛的体温，具有单总线、体积小、分辨率高、抗干扰强等特点，集温度采集和 A/D 转换于一体，直接输出数字信号，与单片机接口电路简单。利用 DS18B20 单总线特点，把温度输出端 DQ 和 STM32 通用 GPIO 针脚 PA0 口相连，STM32 单片机即可通过该管脚完成对温度传感器的初始化和温度采集。温度采集电路见图 4-2，其中在电源端接入一阶 RC 滤波电路，防止信号受到干扰，4.7kΩ 电阻主要作限流用。传

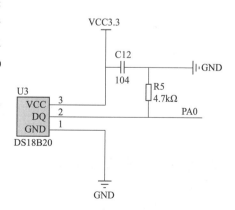

图 4-2　DS18B20 温度采集电路

感器的 GND 接地，VCC 可以采用 3.3V 供电，为提高系统抗干扰能力，本系统采用外部电源供电方式。

4.2.3 无线网络传输电路

无线传输可采用蓝牙、GSM、WiFi 三种方案，蓝牙模块只能够在 10m 范围内摆脱线缆的束缚实现无线通信；而奶牛场中奶牛的活动范围不固定，一般会超过 10m。GSM 功能强大，但是费用较昂贵，而且在实现过程中需要深入了解GPRS 协议与网络模型才能进行开发；另外，要实时获得奶牛体温数据，就要一直不断地发送数据，相应地会对监测人员造成困扰，故采用 WIFI 进行无线通信。

硬件系统中的 WIFI 模块采用 Ai-thinker 公司的 ESP8266 模块，采用串口（LVTTL）与 MCU（或其他串口设备）通信，内置 TCP/IP 协议栈，只需简单串口配置就能够实现串口与 WIFI 之间的转换。利用 STM32 的 TX 针脚 PA3 通过固定的 AT 指令便可以初始化 8266WIFI 模块，设置工作模式为 AP 服务器模式，此刻 WIFI 模块便充当了路由器的角色，远程手机客户端可以通过内置的WIFI 接收器，连接 WIFI 模块。并通过调用 API 库中的 SOCKET 函数，搭建起相应的客户端和服务器，便可以获取 STM32 所处理过的奶牛体温数据。ESP8266 模块与 STM32 的硬件接线见图 4-3。

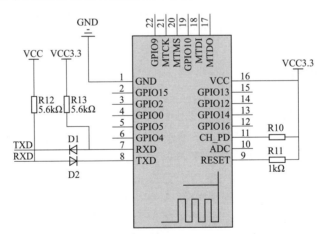

图 4-3　ESP8266 模块与 STM32 的硬件接线

4.2.4 液晶显示电路

为了在测温终端进一步就地显示奶牛体温，系统采用 2.8 英寸的 TFT 液晶显示屏，屏幕显示区域为 57.6mm×47.2mm，主控处理芯片为 ILI9341 芯片，最大支持分辨率为 320×240，该芯片正常工作电压为 3.3V。外围引脚总共为 34 个，LCD_CS 引脚为片选引脚；WR/CLK 为时钟输入引脚；RST 用来复位；DB1-DB17 引脚为数据输入/输出引脚，主要负责接收 STM32 传来的 16 位数据；BL 引脚为背光引脚，主要负责控制 LCD 是否发光；RD 引脚为数据读使能引脚；RS 引脚为命令控制引脚，主要接收 STM32 发送的控制信号。LCD 液晶显示屏主要负责奶牛体温实时与历史温度曲线的显示。还可以用来与安卓手机端的 APP 上显示的奶牛体温数据进行比对。液晶显示模块接口见图 4-4。

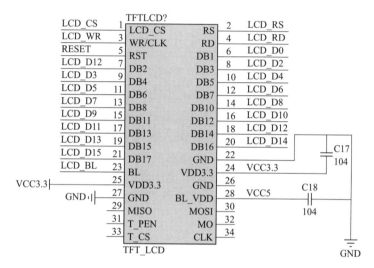

图 4-4　液晶显示模块接口图

4.2.5　电源电路

硬件系统中 STM32 工作电压为 3.3V，DS18B20 工作电压为 3.0～5.5V，ESP8266 无线传输模块工作电压为 3.3～5.0V，TFT-LCD 液晶模块工作电压为 3.3V。为使整个系统正常工作，电路采用＋5V 电压为整个系统供电，选取 AMS117-3.3 转换芯片将 5.0V 转换为 3.3V 为各模块供电。电源转换电路见图 4-5。

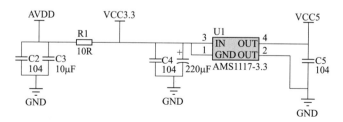

图 4-5　电源转换电路

4.3 系统软件设计 ◀◀◀

系统软件包括奶牛体温采集终端程序设计与上位机移动平台 APP 程序设计。整个系统软件的框架见图 4-6。

4.3.1 温度采集终端软件设计

温度采集终端软件系统包括 DS18B20 温度采集程序、串口功能程序、液晶屏显示程序、WiFi 模块 TCP 服务器搭建。其中 DS18B20 单总线温度采集程序包括 DS18B20 初始化、读写命令、数据转换、数据传输等。液晶屏显示程序包括对液晶初始化、奶牛体温数据的显示及体温变化曲线的绘制。8266WiFi 模块的 TCP 服务器搭建主要包括设置 AP 模式和无线参数、开启多连接、启动 TCP 服务器模式、设置端口号及转发其接收到的奶牛温度数据。温度采集终端流程图见图 4-7。

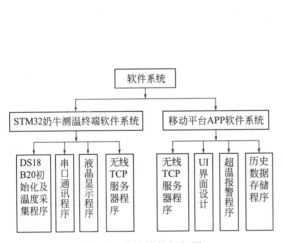

图 4-6　系统软件框架图

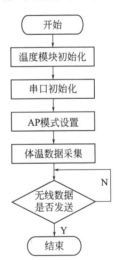

图 4-7　温度采集终端流程图

体温采集终端 STM32 控制器将 GPIO 口初始化后，模拟出 DS18B20 时序图，获取当前 DS18B20 采集的奶牛体温数据。然后设置 8266WiFi 模块为 TCP 服务器模式，并通过 STM32 串口将 6 位指定好的通信协议数据发送给 WiFi 服务器端，服务器将接收到的奶牛体温数据存储在网络缓冲池内。当远程的移动平台客户端通过 TCP 协议，即事先规定好的 IP 地址与端口号来访问 WiFi 服务器端时，就可以获得网络缓冲池内的奶牛温度数据。

4.3.2　移动平台 APP 软件设计

为了开发奶牛体温远程监测系统，构建了 Eclipse＋AndroidSDk＋JAVA 的开发平台，安卓体温监测系统主要包含 APP 的 UI 界面设计、TCP 通信初始化、多线程数据接收以及超温报警功能。通过 Eclipse 软件自身集成的 Android 开发控件，可以很轻松地设计出精美的 UI 界面，有登录界面、软件使用说明界面、奶牛编号界面、奶牛温度监测界面，见图 4-8。多线程包括温度数据接收线程、温度数据发送线程、超温报警线程。客户端与服务端的通信，可利用 JAVA 库自身集成的 SOCKET 套接字实现。

(a) 登录界面　　　(b) 软件说明　　　(c) 奶牛编号　　　(d) 体温监控画面

图 4-8　奶牛监测 APP 界面

移动平台体温监测 APP 程序流程图见图 4-9（见下页）。

4.4　系统功能测试

为了测试系统性能，将测温节点通过扎带捆绑于奶牛后腿腕部，并可通过测温终端的液晶界面就地显示奶牛当前体温，温度显示图 4-10；同时将开发好的系统以 apk 安装包的形式安装到具体的手机硬件上，测试时采用的移动平台硬件为 HUAWEI 荣耀 4X 手机，操作系统为 Android 4.4.4，手机端 APP 上监控的温度部分截图见图 4-11。由测试结果可以看出，开发的奶牛体温远程监测系统能够实现对奶牛体温的实时远程监测。

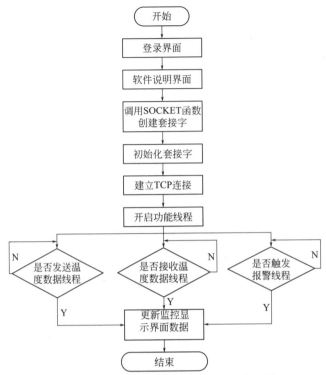

图 4-9 移动平台体温监测 APP 程序流程图

图 4-10 测温终端液晶温度显示图

图 4-11 手机端 APP 温度监测

小结

① 提出并设计了基于 Android 的奶牛体温远程监测系统。该温度监测系统支持无线网络传输和移动平台实时远程监测，简单实用，是奶牛养殖户监测奶牛体温快捷有效的方法。

② 设计了接触式、低功耗的奶牛测温模块，测温精度可达 0.1℃，并可通过测温模块上液晶就地显示奶牛体温，方便现场观测。

③ 使用 Android 系统构建了温度监测的人机交互界面，实现了奶牛体温的远程实时显示。

参 考 文 献

[1] 刘长全，刘玉满. 2017 年中国奶业经济形势展望及相关建议 [J]. 中国乳业，2017 (2)：19-23.

[2] 郑艳欣. 基于 NRF24E1 奶牛体温无线收发系统的设计与研究 [D]. 保定：河北农业大学，2010.

[3] 魏丽. 通过体温、脉搏率和呼吸频率的检查诊断牛病 [J]. 养殖技术顾问，2014，42 (11)：160.

[4] 范永存，张喜海，李建泽. 奶牛体温监测系统数据采集终端设计 [J]. 东北农业大学学报，2012，43 (8)：48-52.

[5] 何东健，刘冬，赵凯旋. 精准畜牧业中动物信息智能感知与行为检测研究进展 [J]. 农业机械学报，2016，47 (5)：231-244.

[6] 贾北平，马锦儒，李亚敏. 奶牛体温无线收发数据采集系统的设计与实现 [J]. 农机化研究，2008 (7)：99-101.

[7] 武彦，刘子帆，何东健，等. 奶牛体温实时远程监测系统设计与实现 [J]. 农机化研究，2012，34 (6)：148-152.

[8] 熊狮. 基于 Android 系统健康信息移动监测技术的研究 [D]. 广州：华南理工大学，2013.

[9] 寇红祥，赵福平，任康，等. 奶牛体温与活动量检测及变化规律研究进展 [J]. 畜牧兽医学报，2016，47 (7)：1306-1315.

[10] 张宇宁，周颖. DS18B20 数字式温度测量装置的研究 [J]. 机械工程与自动化，2012 (4)：149-151.

[11] 汤锴杰，栗灿，王迪，等. 基于 DS18B20 的数字式温度采集报警系统设计 [J]. 传感器与微系统，2014，33 (3)：99-102.

[12] 王胜. 基于 Android 平台家庭智能系统的研究与实现 [D]. 南京：南京邮电大学，2013.

[13] 徐敏捷. 中压开关柜内组件温度场分析及监测系统开发 [D]. 重庆：重庆大学，2014.

[14] 焦学锋. 基于 Xscale 核的 PXA27x 芯片接口技术的应用研究与软件开发 [D]. 重庆：重庆大学，2005.

[15] 张敏. 基于单片机的多点湿度检测系统设计 [J]. 中国仪器仪表，2008，(06)：74-76.

第5章
精准养殖中奶牛发情监测研究

奶牛养殖业是中国农业增效、农民增收的重要产业，近年来得到了快速的发展。"十三五"《全国奶业发展规划（2016—2020）》明确提出了"奶业是健康中国、强壮民族不可或缺的产业"，奶业就是战略产业。而在奶业产业链中，奶牛养殖是奶业发展的"第一车间"。在奶牛养殖中，及时准确地监测奶牛发情并适时配种可以最大限度缩短产犊间隙，提高产奶效率和繁殖效率，同时还可控制奶牛疾病发生，对增加农民养殖经济效益具有重要作用。为此，本章重点围绕奶牛发情监测技术，分析国内外研究现状，并展望了奶牛发情监测的研究和发展方向。

5.1 奶牛发情

奶牛出现初情期后，除妊娠及分娩后 28 天内之外，正常奶牛均会周期性的出现发情。荷斯坦牛的发情周期平均为 21 天（18～24 天）。从一次发情开始到下一次发情开始之间的时间，称之为一个发情周期。根据奶牛发情时机体所发生的一系列生理变化，人为地将一个发情周期分为发情前期、发情期、发情后期和间情期。发情前期是奶牛发情的准备阶段；发情期根据牛的外部症状与性欲表现，又可分为初期、盛期、末期 3 个阶段。发情初期，奶牛兴奋不安、鸣叫。盛期表现性欲强烈。末期则是逐渐转入平静的时期，这一时期是冷冻精液配种的最佳时期；发情后期，奶牛已变得安静，外表也没有发情表现；间情期是奶牛发情结束后生理上的静止期。通过奶牛发情鉴定，可以准确预判奶牛发情和预测排卵时间，以便确定配种适期，及时进行配种或人工授精，从而达到提高受胎率的目的。通过监测发情是否正常，还能有效地进行疫病监控和预防。

5.2 奶牛发情体征

奶牛发情是各种内在因素和外界因素综合调节的结果，内在因素主要与生殖有关的激素、神经系统以及品种、个体遗传因素等，外部因素主要包括季节、养殖环境、饲养管理方式等。奶牛发情时在体内生殖激素的调节下，生理和性行为特征会发生明显的变化，和非发情时显著不同，通过内部生理以及外部行为的观察、监测，可以作为奶牛发情鉴定的依据，为奶牛的生产和管理提供参考。

5.2.1 体温变化

体温是哺乳动物非常重要的生理及健康指标，具有重要的生产应用价值。奶牛是恒温动物，正常情况下，体温只在较为恒定的范围内发生细微变化，但如果奶牛处于发情或者病理过程，其体温会有不同程度的变化。因此及时、有效地掌握奶牛体温的变化情况，可以为奶牛的生理及健康状况提供第一手资料，为奶牛发情鉴定和疾病预防提供支持。

研究发现奶牛发情前后由于体内雌激素水平的变化，导致体温呈现明显规律性变化，可以作为鉴定奶牛发情的依据。Lewis 等通过观察发现奶牛发情的体温变化规律，发情前 5d 奶牛体温开始出现下降，发情前 2d 降低到最低，发情期体温又逐渐升高。杨章平等利用兽医体温计每日上午 8：00 测量 30 头奶牛的直肠温度，研究了奶牛发情前、后 1～2d 的体温变化，发现奶牛发情时体温比发情前体温高（0.48±0.29）℃，比发情后 1～2d 的体温高（0.53±0.29）℃，说明奶牛发情前后体温差异显著，发情时其体温处于最高值。Talukder 等借助于红外相机对奶牛的外阴温度进行监测，发现发情前 2d 外阴温度开始下降，随后在发情期温度上升，达到最高值，发情期过后又逐渐降低至稳定值。

5.2.2 行为变化

奶牛发情时由于体内生殖激素的调节会出现特殊的行为表现，发情奶牛与非发情奶牛在爬跨次数、被爬跨次数、运动次数、反刍次数和时间几个方面差异比较明显，可以作为奶牛发情特征进行区别。发情中的奶牛外表兴奋，敏感躁动而不安，大声鸣叫，闻嗅其他牛尾部，运动量明显增加，是奶牛正常运动量的 5 倍以上，尾巴经常摇动或尾根举起，反刍时间减少，伴有食欲减退和牛乳产量下降，同时"静立"接受他牛爬跨或爬跨他牛，这些外部发情行为特征比较明显，如图 5-1 所示为奶牛发情部分行为特征。

(a) 奶牛尾根举起　　　　　　　　　(b) 奶牛发情鸣叫

图 5-1　奶牛发情部分行为特征

5.2.3　阴道体征变化

奶牛发情期间，在生殖激素的刺激调节下，其外阴潮湿，阴户逐渐变得肿胀，阴道黏膜红润有光泽。同时外阴伴有透明、线状黏液流出，或粘污于外阴周围，并且黏液有强的拉丝性。因此奶牛子宫颈和阴道黏液的黏性、结晶状、pH值、电阻性和阴道黏膜细胞形态学也可以作为奶牛发情鉴定的重要体征。

现有研究表明，奶牛发情时阴道黏液的 pH 值较低，发情前一天的 pH 值是 6.72～7.0，发情开始时降至 6.54，而间情期较高。同时在雌性激素的作用下，奶牛阴道黏液电阻值也呈现规律性变化，黄体期电阻值最高，卵泡发育期电阻值较低，电阻值在排卵前 25h 降到最低值。由于奶牛阴道电阻的灵敏性较高，且奶牛发情时阴道电阻值差异变化规律比较明显，与其他发情体征的特异性较好，因此可以根据奶牛阴道电阻值的变化进行发情鉴定。

5.3　奶牛发情监测方法　◀◀◀

奶牛发情时持续时间较短，排卵速度快，如果不能准确把握奶牛发情时间或者漏检错过奶牛的发情期，就会导致错过最佳配种时间，影响奶牛的生产效率。因此及时、准确、高效地监测奶牛发情，可以把握奶牛授精最佳时机，提高奶牛怀孕概率，缩短胎间距，增加奶牛的产奶量，提高奶牛养殖的经济效益。

目前生产实践中鉴定奶牛发情主要依靠人工去监测，经常采用的方法有人工外部观察法、直肠检查法和阴道检查法等，这些监测方法技术要求高，需要操作人员具有比较丰富的实践经验，费时费力，检出效率低。近年来，随着计算机技术、网络技术和信息技术的发展，对奶牛发情监测的研究集中在如何利用相关的电子传感器监测、采集、记录并分析奶牛的发情体征，从而实现奶牛发情的自动化监测，主要包括基于奶牛体温、声音、外部特征、运动量以及视频分析等多种监测方法与手段。

（1）人工外部观察法

人工观察法主要根据奶牛发情时外部行为体征与非发情时差异明显，奶牛发情时精神不安、运动量增加、经常鸣叫、食欲不振，追逐并伴有爬跨行为，同时反刍次数减少以及产乳量下降等。在我国大部分奶牛场，主要依靠奶牛饲养管理员，通过人工观察奶牛外部行为变化、精神状态来鉴定奶牛发情，观察者的实际生产经验、观察频率以及奶牛发情体征表现的外在强度决定着发情检出率的高低。已有研究表明，采用人工观察法对发情牛只的检出率在50%以下。

通过人工观察奶牛的外部行为来鉴定发情，虽然简单、直接、实用，容易被养殖人员掌握，但要做到奶牛发情的及时监测是件比较困难的事情，需要奶牛查情员具有丰富的实践经验和专业知识，特别夜晚是奶牛发情的高峰期，依靠人工观察更是无法实时监测奶牛的发情行为。因此，人工外部观察法一般需要的劳动力占整个养殖场劳力的30%，生产效率较低，容易出现漏检、错检，不能实现养殖的精准化和自动化，已经不能适应我国规模化、集约化奶牛养殖业的需要。

（2）试情法

奶牛只有在发情状态时才有接受公牛试情交配的意愿，因此试情法主要是将饲养的试情公牛提前进行输精管结扎，然后按1：20～1：30的比例投放入牛群中，通过观察试情公牛追逐以及爬跨母牛的情况，从而来判断鉴定奶牛发情。该方法虽然节省人力成本，但是需要专门饲养试情公牛，增加了奶牛养殖的饲喂管理成本，且试情公牛天生比较好斗，容易对养殖设备以及养殖场的围墙、圈舍造成破坏，不易规模化使用，满足不了我国现代规模化奶牛养殖的需求。

（3）直肠检查法

直肠检查法是鉴定奶牛发情比较常用和有效的方法，操作时需要戴上长臂手套、涂上润滑油，将一只手缩成锥形伸入奶牛直肠内，通过直肠壁触摸奶牛卵巢上卵泡发育情况，判断奶牛的发情程度。当摸到有椭圆形颗粒状的卵泡突出于卵巢表面，表明奶牛正值发情期间。通过判断奶牛卵泡发育的情况，可以确定人工输精的最佳时间。该方法由于直接检查奶牛的生殖发育状态，因此是判断奶牛发情和发情时间最常用、可靠的方法。虽然直肠检查法不需要任何设备辅助，方便简单，准确率高，但该方法比较繁琐，劳动强度大，多用于发情表现不甚明显或输精后再发情的奶牛，且直肠检查法必须由技术熟练的奶牛场专职配种人员进行操作，操作时动作要轻缓，触摸卵泡时要比较轻柔的按压，准确性易受操作人员个人的经验影响，检测结果的主观性较强，需要操作人员长时间训练才能熟练掌握，初学者不易掌握，不适合我国现代化奶牛养殖的需求。

（4）阴道检查法

奶牛发情时由于卵泡的发育，其生殖器官体征变化比较明显，外阴表现为红肿和湿润，阴门有规律地流出清亮、较强牵缕性的黏液（俗称为"吊线"），如图 5-2 所示。阴道检查法需要对奶牛的阴门及周围进行清洗并消毒，润滑之后使用专门的阴道开腔器将奶牛阴道轻轻打开，检查阴道的润滑度、黏膜颜色和子宫颈口等阴道特征变化，从而判断奶牛是否发情。该方法操作繁琐，同样也需要操作人员有丰富的实践经验，检测结果受主观性影响较大。

 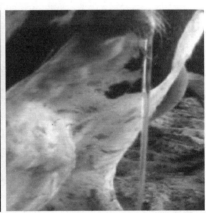

(a) 奶牛发情阴门红肿　　　　　　　　　(b) 奶牛发情阴门吊线

图 5-2　奶牛发情阴门变化

奶牛阴道黏液和黏膜的电阻变化与卵泡发育程度密切相关，奶牛阴道黏液电阻值在发情前期最高，伴随着发情旺盛的出现电阻值逐渐降低，发情后期电阻值又开始升高。近些年，相关学者研究探讨了奶牛阴道黏液表征奶牛发情的可行性，根据奶牛发情时阴道黏液特性的变化，有学者通过万用表和自制的探针、导线制作简易的发情鉴定仪，手工把电极探针插入奶牛阴道内，通过监测阴道黏液电阻值变化，来判断鉴定奶牛的发情程度。但此方法费时费力，劳动强度大，准确性不高，并且简易的探针操作易对奶牛阴道组织造成损伤和交叉感染，不适合规模化养殖的需求。

（5）温度监测法

在奶牛养殖中，奶牛的体温是奶牛生理状态和健康状况的重要指标，奶牛体温的及时准确监测对奶牛的发情鉴定、疾病诊断、健康管理等有着重要的意义。奶牛体温也是奶牛发情体征的第一迹象和重要指标，通过监测奶牛体温的变化可以鉴定奶牛的发情状态。

在临床上通常以直肠温度表征奶牛体温，传统奶牛体温测量采用人工通过兽用水银温度计或电子温度计去测量直肠温度，这种方式测量的体温虽然较为准确，但是需要专人负责，劳动强度大，容易引起奶牛疾病交叉传播，同时测温是否到位、时间是否充分、技术人员是否熟练、读数是否科学，都会影响到测温效果，不能满足规模化养殖的精细管理要求。

（6）运动量监测法

运动量是指对奶牛日常运动行为的计量。奶牛发情时变得比较敏感和躁动，其每小时走步数大约比未发情奶牛高 2～4 倍，特别在发情前 80h 运动量开始明显增加。根据奶牛发情时表现出运动量明显增加的外部行为，国内外研究大多通过在奶牛四肢、颈脖等位置安装电子计步器或加速度传感器来获取奶牛运动量，从而鉴定奶牛是否发情。目前奶牛发情的自动化监测中，仅仅通过运动量判断的奶牛发情检出率为 71%～78%，高于人工发情 54% 左右的检出率。目前在我国部分牧场已有应用的主要是以色列的 Afimilk 和 SCR 奶牛发情探测系统。田富洋等分别采用温度传感器、姿态传感器、振动传感器，通过实时采集监测奶牛体温、静卧时间和运动量参数，建立神经网络智能预测模型，可实现 70% 以上的奶牛发情预测。Løvendahl 等借助于计步器监测奶牛每小时的运动量，根据指数平滑变化算法模型，来判断奶牛的发情强度以及发情持续时间。

但是，研究表明奶牛的运动量易受温度、年龄、产奶量、胎次以及泌乳阶段等多因素的影响，同时部分隐性发情的奶牛其外部运动特征不明显，仅靠单一运动量监测易出现错检、漏检现象，因此通过计步器获取奶牛运动量的信息，可作为奶牛发情鉴定的一种辅助手段。

（7）攀爬行为监测法

奶牛发情时，随着卵泡的不断发育成熟，性欲会表现的越来越强烈，其中最明显的外部行为特征是开始接受他牛攀爬或爬跨其他奶牛，如图 5-3 所示为笔者所监测的奶牛爬跨发情行为。目前的尾部涂蜡笔法、颌下钢球法、卡马氏发情爬跨探测器、尾部摩擦激活探测法均是基于奶牛发情时爬跨行为特征设计的。

图 5-3　奶牛发情爬跨行为

尾部涂蜡笔法进行奶牛发情鉴定，操作比较简单、成本相对较低，此方法一般在每天清晨奶牛挤完奶进食时操作，用蜡笔在奶牛的尾椎上面，从尾部到十字部来回涂上颜色，长度大约在 30～40cm，同时做好记录。次日清晨挤奶前对所标记的牛只进行人工观察，如果被爬跨过则涂料的颜色变浅，同时奶牛被重达600kg 的其他奶牛爬跨后，被爬跨后的毛发将会被重压向下而压实，如图 5-4 所示。Pennington 等研究比较尾部涂蜡笔法和人工观察法对奶牛发情的鉴定率，发现尾部涂蜡笔法可以达到 93.9％的发情检出，而人工肉眼观察仅仅能发现63.6％的奶牛发情。尾部涂蜡笔法操作中，有时牛只之间会互相舔舐对方的毛发，容易造成涂料颜色被舔舐掉，从而影响奶牛发情的准确判断，造成误判。该方法虽然成本低，但是需要对每只预观察的奶牛进行涂抹，比较费时费力，工作量也较大，并且雨天和奶牛毛发上的油脂量对该方法的准确性影响较大，因此有必要辅助于其他的奶牛发情特征进行综合判断。

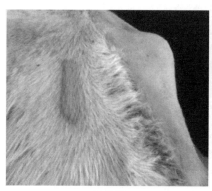

(a) 发情　　　　　　　　　　(b) 未发情

图 5-4　涂蜡笔法判断奶牛发情

颌下钢球法采用将一个固定在皮革绞索上的容器系在试情公牛的下颌处，容器顶端含钢球阀，内部贮有有色染料，当试情公牛爬跨发情母牛时，钢球阀碰到母牛的背部，被碰撞挤压时有色染料就会流出，在发情奶牛的背部或者臀部留下标志，从而可知该头奶牛被爬跨过，判断其处于发情状态，可以进行人工授精。

卡马氏发情爬跨探测器主要由一个装有染料的白色塑料胶囊组成，将探测器通过胶布固定于奶牛尾巴根部，在被爬跨挤压之前会一直保持白色，当监测的奶牛站立不动被爬跨时，由于爬跨牛胸部的持续性压力，探测器的颜色由原来的白色会变成红色。但需要爬跨牛在该装置上至少停留 3s，才能使其颜色改变。单独使用该方法鉴定奶牛发情不是非常准确，可以作为奶牛发情鉴定的辅助方法。

最近几年来，一些研究学者基于奶牛发情爬跨行为，研制出了无线电遥感发情爬跨探测仪。通过在奶牛尾部安装电子压力传感报警器，当发生攀爬行为时可以触发压力传感器，同时连接到计算机发情辅助分析系统进行发情的监测。赵恒等设计了奶牛脊背便携太阳能体温主动被动爬跨发情报警器，能够准确监测奶牛爬跨发情行为。

（8）声音监测法

动物声音与其生理、健康、情绪、生存环境等因素密切相关，也是动物间交流、表达情绪的重要途径和方式。奶牛的叫声、呼吸声、咳嗽声、咀嚼声等在一定程度上能够反映其身体、生理和心理状态，奶牛在发情期有其独特的叫声特征。借助于信息化、智能化监测手段，通过对奶牛叫声的音频分析处理，可以实现奶牛发情的自动无损监测。Meen 等借助于声音和视频采集设备，研究了奶牛不同发声和行为之间关系，得到了不同行为下的发声频率存在明显的差异。Chung 等通过在奶牛的叫声中提取梅尔频率倒谱系数，借助于支持向量数据描述的方法对奶牛的叫声进行异常监测，可以发现奶牛的发情信息。Jahns 针对奶牛发情叫声信号，提取出先验特征矩阵及其参考模式，利用模式匹配方法识别奶牛日常叫声中所蕴含的发情信息。Yeon 等对 26 头奶牛的声信号进行观测，分析了奶牛发情状态下的声信号特征，采用声信号的持续时间、强度和共振峰作为特征参数，对奶牛的声信号分类识别的正确率可达 86.2%。

利用声音信号监测奶牛发情，需要采集大量具有一定含义的奶牛叫声，并提取其特征参数，构建奶牛叫声模式库，通过模式识别实现奶牛发情叫声的智能监测。但奶牛养殖环境复杂，存在着各种各样的噪声，同时奶牛作为群居性养殖，奶牛叫声间的相互干扰都会影响声音采集、识别的准确性。并且奶牛作为大型活体动物，如何合理的布局安装声音采集设备仍是需要进一步解决的问题。

（9）超声探测法

B 型超声诊断技术（B 超）具有直观、快捷、准确无伤害的特点，在畜牧业的发情鉴定、妊娠和疾病诊断等方面得到了广泛的应用。借助于一定功率的兽用便携式 B 超仪监测奶牛卵泡变化，可以对奶牛发情状态及排卵时间进行鉴定和预测。将 B 超仪的探头放置在离子宫较近的阴道或者直肠，观察卵巢上黄体或者卵泡的反射波图像，根据卵泡直径大小确定发情阶段。

B 超监测奶牛发情是一种无放射性危害、无损伤的发情鉴定方法，但该方法操作较繁琐，监测结果易受操作者的操作技能、经验、熟练程度以及仪器性能等因素的影响。

（10）图像监测法

随着人工智能、机器视觉技术在奶牛养殖的广泛应用，借助于计算机视觉手段，实现对奶牛发情行为的非接触式监测成为新的发展方向，通过视频监测识别奶牛爬跨行为，可以作为奶牛发情判断的依据。

视频技术可以实现奶牛发情行为 24h 非接触实时监测，奶牛不会产生应激不适，符合动物福利的现代化养殖理念以及精准养殖的需求，但采集的图像易受养殖场环境光线、天气等因素影响，图像易出现噪声污染，质量下降。同时群居性生活的奶牛个体之间存在相互遮挡、重叠等现象，导致图像处理识别的困难，现有的一些算法模型还不太成熟，这些问题都需要进一步的研究。

小结

从近年来国内外研究现状来看，奶牛发情监测研究大多围绕着发情特征的自动采集展开，通过研究提高了奶牛发情监测的自动化水平，提升了我国奶业综合生产能力，但针对奶牛发情监测，仍存在一些问题需要进一步研究和探讨，主要包括以下几个方面：

① 奶牛发情体征多信息融合研究　准确及时地获取奶牛发情体征是预测奶牛发情的基础。奶牛发情受各种内在因素和外界因素调节，内在因素主要与生殖有关的激素、神经系统以及品种、个体遗传因素等，外因主要包括季节、养殖环境、饲养管理。应进一步深入研究内外界因素对奶牛发情的影响，探讨奶牛发情规律以及发情个体生理变化，为奶牛发情监测智能化装备研发提供理论依据。

② 奶牛发情监测智能装备研发　针对奶牛发情的不同体征变化，开发相应的智能化监测设备，并针对奶牛个体大、活动范围广、监测设备续航能力有限等问题，结合目前的物联网、互联网＋技术，实现奶牛发情实时、远程、低功耗监测是后续研究的重点。

③ 奶牛发情决策管理系统研发　奶牛发情体征与个体、环境等密切相关，如何从采集的奶牛体征信息中提取发情有效信息，进一步融合发情多体征信息，比如体温、活动量、呼吸参数、内分泌、采食量以及产奶量等参数，建立发情决策模型，并开发发情信息智能管理系统还需要做深入研究。

④ 奶牛发情非接触式监测系统研究　基于机器视觉的无接触方式是记录奶牛行为最好的方法，对奶牛活动没有任何影响。应进一步借助于计算机视觉技术，建立奶牛发情的行为模型，对发情行为进行智能理解，开发基于计算机视觉的智能发情监测系统，为奶牛发情监测提供判定依据。

⑤ 奶牛发情叫声识别系统研究　奶牛叫声在一定程度上能够反映其生理和心理状态。同时奶牛声音信号也存在一定的变异性，特别对于奶牛大型动物，应进一步设计合理的声音采集方案，提高奶牛发情叫声信号采集质量；并研究声音特征提取算法，构建奶牛发情声音识别模型，提高奶牛发情叫声的识别率。

总之，发达国家在奶牛发情智能化监测方面起步较早，信息化程度高。而我国在奶牛发情自动化监测方面目前还处于研究阶段，成熟的应用于实际生产中的案例几乎是空白，应结合中国国情，在奶牛养殖的发情监测中合理引入信息技术、自动控制技术以及物联网技术，设计稳定、高效、低成本、低功耗的奶牛发情监测系统，提高我国奶牛养殖的智能化、自动化水平，促进我国现代奶牛养殖业的健康发展。

参 考 文 献

[1] 蒋帮镇. 物联网环境下奶牛育种优化研究. 上海：上海交通大学，2014.

[2] "新牛人"研发团队. 云计算技术在现代奶牛养殖中的应用[J]. 中国乳业，2012(5)：38-40.

[3] 李晰晖，任国谱，肖莲荣. 无线射频和云计算技术在奶牛养殖场中的应用[J]. 中国乳品工业，2014，42 (3)：49-51.

[4] 李晰晖，任国谱. 无线射频和云计算技术在原料乳收购和计价中的应用[J]. 食品工业科技，2014，35 (9)：385-387，391.

[5] 林耀民，王辉. 奶牛养殖信息化技术的发展与应用[J]. 农业与技术，2017，37(18)：143.

[6] 孙洪章，于金凤. 奶牛发情周期的界定与调节[J]. 农村实用科技信息，2008(07)：35-37.

[7] 李娜. 奶牛的选种选配和发情鉴定[J]. 饲料博览，2018(9)：87.

[8] 胡松庭. 奶牛生产实用技术[M]. 青岛：山东科学技术出版社，2001.

[9] 张春梅，席丽，李志强，施传信，杨广礼，刘鸿涛. 奶牛的发情鉴定方法比较[J]. 当代畜禽养殖业，2019(1)：4-7.

[10] 蒋晓新，卫星远，邓双义，等. 北方季节对荷斯坦奶牛步履数与发情周期相关性研究[J]. 黑龙江畜牧 兽医，2014(07 上)：84-86.

[11] 李栋. 中国奶牛养殖模式及其效率研究[D]. 北京：中国农业科学院，2013.

[12] 田富洋，王冉冉，宋占华，等. 奶牛发情行为的检测研究[J]. 农机化研究，2011，33(12)：223-227.

[13] 秦博文. 浅谈奶牛的发情鉴定与人工授精操作[J]. 农业开发与装备，2019(05)：238-239.

[14] 郑国生，施正香，滕光辉. 中国奶牛养殖设施装备技术研究进展[J]. 中国畜牧杂志，2019，55(7)：169-174.

[15] Wagner-Storch A M，Palmer R W. Feeding behavior，milking behavior，and milk yields of cows milked in a parlor versus an automatic milking system[J]. Journal of Dairy Science，2003，86(4)：1494-1502.

[16] LEWIS G S，NEWMAN S K. Changes throughout estrous cycles of variables that might indicate estrus in dairy cows [J]. Journal of Dairy Science，1984，67(1)：146-152.

[17] 杨章平，陆克文，程广龙，房兴堂. 黑白花奶牛体温变化与发情及排卵关系的研究[J]. 畜牧与兽医，1992(1)：2-3.

[18] Talukder S，Kerrisk K L，Ingenhoff L，et al. Infrared technology for estrus detection and as a predictor of time of ovulation in dairy cows in a pasture-based system[J]. Theriogenology，2014，81(7)：925-935.

[19] 曹光明. 提高奶牛受胎率的技术措施[J]. 农家参谋，2010(7)：19-19.

[20] 寇红祥，李蓝祁，王振玲，等. 牛发情期活动量与阴道黏液电阻值变化规律的研究[J]. 畜牧兽医学报，2017，48(7)：1221-1228.

[21] 沈明霞，刘龙申，闫丽，等. 畜禽养殖个体信息监测技术研究进展[J]. 农业机械学报，2014，45(10)：245-251.

[22] 李生虎，张秀陶. 规模化牧场奶牛发情鉴定方法探讨[J]. 山东畜牧兽医，2014，35(06)：25-26.

[23] Roelofs J B，Soede N M，Kemp B. Insemination strategy based on ovulation prediction in dairy cattle [J]. Scientific Commons，2006，75：70-78.

[24] Van Eerdenburg F J C M. Estrus detection in dairy cattle：how to beat the bull[J]. Vlaams Diergeneeskundig Tijdschrift，2006，75(2)：61-69.

[25] Redden K D，Kennedy A D，Ingalls J R，et al. Detection of Estrus by Radiotelemetric Monitoring of Vaginal and Ear Skin Temperature and Pedometer Measurements of Activity[J]. Journal of Dairy Science，1993，76(3)：713-721.

[26] 马吉锋，王建东，李艳艳，等. UCOWS奶牛发情监测系统检测奶牛发情效果的研究[J]. 黑龙江畜牧
    兽医，2014(08下)：17-18.

[27] 李兴泰. 奶牛的发情鉴定及异常发情表现[J]. 农业知识：科学养殖，2013(27)：38-39.

[28] 李生虎，张秀陶. 规模化牧场奶牛发情鉴定方法探讨[J]. 山东畜牧兽医，2014，35(6)：25-26.

[29] 贾北平，马锦儒，李亚敏. 奶牛体温无线收发数据采集系统的设计与实现[J]. 农机化研究，2008(7)：
    99-101.

[30] 武彦，刘子帆，何东健，等. 奶牛体温实时远程监测系统设计与实现[J]. 农机化研究，2012(6)：148-
    152.

第6章
奶牛阴道植入式电阻传感器与无线监测系统设计

目前已有的奶牛发情监测中，计步器是基于奶牛发情时运动量明显增加的体征，而视频监测分析是基于奶牛发情的爬跨行为特征，但是奶牛的隐性发情没有明显的外部行为特征变化，难以通过目前现有的发情监测方法和人工外部观察进行监测。本章在分析奶牛发情时生理体征变化的基础上，提出奶牛阴道植入式电阻传感器设计方案，构建奶牛阴道电阻值的无线远程监测系统，实现奶牛阴道电阻值的远程无线实时监测，为奶牛发情的及时监测提供重要生理数据，可以突破奶牛隐性发情自动化监测的瓶颈。

6.1 引言

在奶牛养殖中，影响奶牛场经济效益的首要因素就是奶牛的繁殖效率，及时有效地发现奶牛发情对繁殖工作尤为重要，可以使奶牛适时配种、产犊并延长泌乳期，提高产奶量。随着规模化、集约化养殖的推进，对奶牛的饲养和管理方式提出了更高的要求，必须依靠信息技术来实现奶牛的精准养殖，从而降低人工成本，提高奶牛养殖的科学管理水平和生产效率。而在奶牛养殖中，奶牛的繁殖管理是奶牛生产的重要环节，及时有效的发情鉴定是对奶牛进行人工授精及受孕成功的基础。

传统奶牛发情监测主要依靠饲养人员观察奶牛的外部表现和精神状态来判断，需要饲养人员具有丰富的养殖实践经验，费时费力，检出效率低，导致奶牛发情期受胎率只有 40%～50%，不能满足规模化奶牛养殖的需求。为了实现奶牛发情的自动监测，国内外诸多学者基于奶牛发情时运动量、体温、声音和爬跨行为的特征变化，通过惯性传感器、温度传感器、声音传感器和视频监控技术实现体征参数和发情爬跨行为的自动采集、传输和分析，来判断奶牛是否处于发情阶段。传感器和计算机视觉技术的应用使奶牛发情监测自动化水平明显提高，但使用中尚存在着如下一些问题需要解决：

① 接触式传感器安装在奶牛的不同部位，对奶牛的日常行为会产生影响，同时部分奶牛存在着"假发情"，通过运动量的发情监测不能准确确定判断排卵和输精时间，从而错过受孕的最佳时机，存在着一定的局限性。

② 视频监控具有非接触、实时性的特点，但是奶牛是群居性动物，养殖场环境复杂、光照变化较大，视频监控技术具有一定的局限性，对于没有明显发情行为特征的奶牛发情，视频监控技术也无法实现。

③ 奶牛夜间发情占比较高，据观察统计夜间（19：00～07：00）隐性发情（无发情外在表现）奶牛约占全部发情奶牛的 65%，同时产后 3 个月的奶牛也容易发生隐性发情，因此仅靠运动量和视频监控无法实现奶牛的隐性发情预警，造成生产上的损失。

④ 一些年老体衰的奶牛发情时，外部行为特征表现不明显，常规的外部行为鉴定法容易造成发情漏查。

奶牛内在生理体征的变化可以准确、有效地用于发情鉴定，奶牛子宫颈和阴道黏液的 pH 值、电阻性和阴道黏膜细胞形态学也是奶牛发情的鉴定体征。发情奶牛阴道黏液电阻值呈现出一定规律性的变化，黄体期电阻值最高，卵泡发育期电阻值较低，排卵前 25h，奶牛阴道电阻值降到最低。由于发情奶牛与未发情奶牛的阴道电阻值差异比较明显，且阴道电阻灵敏性较高，与其他发情体征特异性较强，因此可以依据阴道电阻值鉴定奶牛发情。根据电阻值表征奶牛发情体征，确定奶牛发情最佳输精时间，国内外一些学者用万用表手动做了大量试验来鉴定奶牛发情。牛海昌等用普通万用表和 35～40cm 的聚氯乙烯绝缘铝线做电极来测定发情母牛阴道 15～20cm 处电阻变化，确定母牛输精时机。吴元昌等利用万用表、绝缘电线和导尿管做成简易母牛发情鉴定仪对奶牛发情时阴道电阻进行了测定，依据电阻值可使奶牛受孕率达 86.3%。波兰 Olsztyn 农科院兽医学院 Tadeus 设计了由探针、处理器和 9V 电池组成的 Draminski 排卵测定仪，其采用手动操作将探针插入奶牛阴道深处来人工读取电阻值，测量费时费力。Ningwal 等用 Draminski 排卵测定仪通过手动监测阴道黏液电阻，研究确定杂交奶牛与小母牛的发情与授精适宜时间。

从上述通过对奶牛阴道电阻鉴定其发情状态研究来看，可知：

① 阴道分泌物黏液电阻变化与卵泡发育程度有关，是奶牛发情体征的最直接、最根本体现，也是鉴定奶牛发情的最可靠依据。

② 奶牛发情周期中阴道内电阻变化最大的地方是阴道前庭黏膜，在接近排卵时其阴道前庭黏膜电阻降低到最小，这是授精的最佳时间。

③ 人工测量奶牛阴道电阻时，容易引起交叉感染，且奶牛的移动性造成读数不准，同时劳动强度大、生产效率低下，无法实时监测。

④ 奶牛隐性发情容易出现运动不足，因此目前的计步器和视频监控技术容易漏情失配，造成生产上的损失。而阴道电阻能够准确地表征奶牛发情时机，是区别奶牛发情与非发情最合适的体征。

目前已有的一些基于阴道电阻的奶牛发情监测，主要问题是探针简易，会对奶牛阴道组织造成应激不适，另一个问题是人工操作劳动强度大，需要对每头奶牛每天进行阴道电阻探针检查，且每一次检查都需要进行清洗和消毒，这些都制约阴道电阻鉴定奶牛发情的实际应用推广。

针对目前奶牛发情人工监测费时费力、运动量和非接触式视频监测无法实现奶牛隐性发情预警的问题，本文基于奶牛发情时阴道生理特征黏液电阻的变化，研究设计小型化、高精度的奶牛阴道植入式电阻传感器，并通过和 2.4GHz 的 ZigBee 网络相结合，实现奶牛阴道电阻数据的无线实时远程传输，为奶牛发情 24h 内自动实时监测和精确输精时间提供生理数据。

6.2　奶牛阴道电阻实时监测系统总体设计 <<<

6.2.1　系统设计需求分析

本研究以河南省南阳市育阳奶牛养殖基地为试验场所，针对目前规模化奶牛养殖场奶牛数量较多，养殖区环境复杂，通过对奶牛场实地考察和咨询养殖专家，得出奶牛阴道植入式电阻无线监测系统主要需求包括：

① 阴道植入式电阻传感器体积小、质量轻，外壳材质柔软且无毒无害，不会对奶牛产生应激反应。

② 植入式电阻传感器应在奶牛阴道内固定牢固，安装方便，并在授精前易于取出。

③ 植入式电阻传感器无线信号在奶牛体内传输衰减小，阴道电阻能实现无线远程传输，可实现自组网，满足规模化监测的需求。

④ 荷斯坦牛发情周期最长为 24d，发情持续时间平均为 18h，变化范围为 6～36h，因此系统需要能够在奶牛阴道内长时间工作，最少需要对奶牛阴道电阻进行一个发情周期的持续监测，以便根据奶牛阴道电阻的变化判断授精的最佳时机。

6.2.2　系统总体设计方案

根据奶牛阴道植入式电阻传感器的监测系统实际需求，系统总体结构如图 6-1 所示，主要由阴道植入式电阻传感器、ZigBee 终端节点、ZigBee 协调器和远程实时监控中心 4 部分组成。

① 阴道植入式电阻传感器：该传感器可植入奶牛阴道内，通过 2 个电极与

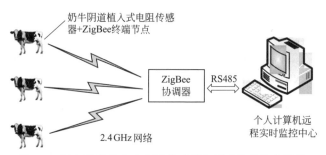

图 6-1 奶牛阴道植入式电阻传感器监测系统总体结构图

阴道黏液充分接触，将阴道黏液的电阻值传输给 ZigBee 终端节点处理器。

② ZigBee 终端节点：终端节点不仅具有 ZigBee 路由器功能，而且与植入式电阻传感器的检测电极连接，测算两电极之间的阴道黏液电阻值。该设计方式把电阻的信号处理交给 ZigBee 终端节点处理器完成，减少了系统成本和电路复杂度。

③ ZigBee 协调器：通过 2.4GHz 网络与终端节点建立通信组网，负责网络构建和维护，并允许终端节点加入网络。同时通过 RS485 通信把数据远距离传送到监控中心个人计算机。

④ 远程监控中心：个人计算机中通过上位机远程监控软件对奶牛阴道电阻值进行无线实时监测并存储，同时可对相应奶牛的发情状态进行预警。

系统设计方案中，植入式电阻传感器留置于奶牛阴道内，终端节点封装后捆绑固定于奶牛尾根上部，距离奶牛阴道口较近，可以方便地与阴道植入电阻传感器相连，避免了无线信号在奶牛活体组织内传输时的衰减以及对奶牛阴道组织造成的机理损伤，同时也方便植入式电阻传感器在监测到发情状态后及时取出，顺利地对奶牛进行人工授精。ZigBee 协调器可安装于奶牛场屋顶钢结构上面，通过 RS485 总线和远程实时监控中心个人计算机进行有线通信，通信距离在奶牛场内可达 1200m。本设计方案不但充分利用了 ZigBee 无线自组网的功能，而且弥补了 ZigBee 通信距离短的弊端。

6.3 奶牛阴道电阻监测系统硬件设计 ◀◀◀

6.3.1 奶牛阴道植入式电阻传感器设计

（1）奶牛阴道电阻测量方案

传统的万用表伏安法测量电阻精度低，不能实现自动测量。为了实现奶牛阴道电阻的自动实时监测，鉴于到 555 测频法精度高，故用该方法测量奶牛阴道电阻，能够满足对奶牛阴道电阻实时监测的需求。

（2）电阻测量传感器设计

植入式电阻传感器主要由电阻检测电极和支撑探杆构成，如图 6-2 为植入式传感器的结构示意图。由于电极材料对测量结果的稳定性和准确性至关重要，因此植入式电阻传感器的电极选用导电和导热性能好、材质便宜、易于加工的黄铜。同时电阻传感器前端设计两个圆环形凹槽，电极设计为圆环状并分别装在两个圆环形凹槽内，能够保证植入奶牛阴道的电阻传感器电极与阴道穹隆部位小池黏液的充分接触，使其对宫颈口的阴道黏液没有阻挡作用，保证测量的准确性和可靠性，且不会对奶牛阴道黏膜造成损伤。每个圆形凹槽侧面设计一个直径为 3mm 孔洞，将两个铜环电极引线通过孔洞由探杆内部连接至 ZigBee 终端节点处理器，避免铜环电极引线裸露在传感器探杆外部，对奶牛阴道组织造成损伤。

图 6-2（a）在传感器末端设计直径为 20mm 的半圆形拉环，便于植入式电阻传感器放入奶牛阴道，并于人工授精前取出。

为了将铜环电极通过导线引出到终端节点处理器从而进行电阻的测量计算，探杆内部设计了两个通道用于引出电极导线，并在末端设计了直径为 2mm 的内嵌式孔洞，如图 6-2（b）所示。

(a) 传感器结构图   (b) 传感器尾部正视图

图 6-2 奶牛阴道植入式电阻传感器结构示意图

1—凸形圆滑前端；2—圆环形凹槽；3—凹槽侧面孔洞；4—探杆；
5—防滑凸指；6—尾部拉环；7—尾部内嵌式孔洞

（3）植入式电阻传感器尺寸及封装设计

根据植入式电阻传感器设计方案和装配两个圆形铜环电极的需要，传感器前端采用分段式结构，以便于固定安装铜环电极。为了避免植入式传感器对奶牛阴道黏膜的损伤并便于放入奶牛阴道，传感器顶端采用凸形圆滑结构。

具有生育功能的成年奶牛阴道长度为 220～280mm，宽约 55mm，奶牛阴道前庭黏膜电阻在一个发情周期内变化最大，因此该位置是测量阴道电阻的最佳位置。为了保证传感器植入奶牛阴道后牢固，防止在奶牛运动时脱落，根据奶牛阴道深处穹隆较大的特点，植入式电阻传感器尾部设计采用 4mm×2mm 的防滑落 8 爪式固定。每个防滑落凸指向外倾斜 30℃，长度为 35mm，且凸指分为 2 节，使其在穹腔处形成一个双层的固定卡位。

由于植入式电阻传感器要放置于奶牛阴道内，传感器封装材质的选择非常重要，从奶牛健康和保护其阴道组织的角度考虑，选择无毒、无味、比较柔软的高密度聚乙烯材料（High density polyethylene，HDPE）来封装传感器。传感器外壳 3D 打印而成，直径为 20mm，长度为 200mm，封装后的阴道植入式电阻传感器尺寸如图 6-3 所示，质量为 46g，不及 Draminski（德铭斯基）手动操作的发情电阻监测仪（300g）质量的 1/6 还轻。柔软的高密度聚乙烯材料封装避免了人工使用探针电极和导线对奶牛阴道组织造成损伤的问题。

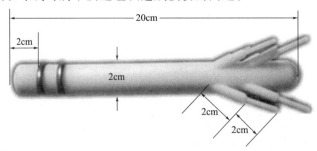

图 6-3 封装后的阴道植入式电阻传感器尺寸

（4）电阻传感器的阴道植入方法

奶牛阴道前庭黏膜是发情周期中电阻变化最大、最明显的地方，植入式电阻传感器需要放置于奶牛阴道内，使探头与阴道前庭穹隆部位黏液进行接触。根据相关文献和调研、咨询奶牛养殖专家，植入式电阻传感器放入奶牛阴道前需要将表面擦净，并用酒精擦拭消毒，待干燥后植入。放置时，奶牛要站姿固定于牛舍内，将尾巴拉于一侧，清洗外阴并用酒精进行擦拭消毒，轻轻分开奶牛外阴，将消过毒的植入式电阻传感器的探棒缓缓地沿阴道背壁插入宫颈口处的阴道前庭，并轻轻移动使其与穹隆部的阴道黏液充分接触。电阻传感器植入奶牛阴道中的位置如图 6-4 所示。

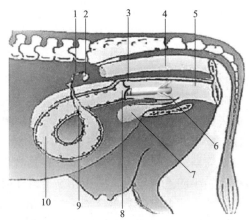

图 6-4 植入奶牛阴道中的电阻传感器示意图

1—输卵管；2—卵巢；3—阴道前庭穹隆；4—奶牛直肠；5—阴道；
6—植入式电阻传感器；7—膀胱；8—子宫颈；9—子宫角；10—子宫体

（5）奶牛阴道植入传感器应激分析

殷国荣等采用电极探测法测试奶牛阴道黏液，采用的探测电极为合成塑料棒，连续 50d 的测量未见探测引起明显的阴道刺激和任何异常分泌物，也未见测定引起的阴道损伤和其他不良反应。本研究设计的植入式电阻传感器采用无毒、无味、比较柔软的高密度聚乙烯材料（HDPE）来封装，高密度聚乙烯是生物惰性材料，性能优异，组织性质稳定，不容易产生变形和植入后的移位；与生物组织的相容性极佳，对生物组织和细胞没有毒性反应，无排斥，已成为人造器官的重要材料，在人工气管、人工骨、矫形外科修补材料等方面已有应用，其中采用高密度多孔聚乙烯材料制作的植入式人工耳支架已经大量临床应用。

因此，对比于殷国荣等（2000）测试奶牛阴道电阻时，其使用的电极探棒材料为合成塑料棒材质，植入式传感器采用 HDPE 材质要比合成塑料棒更适合于植入奶牛阴道内，封装植入奶牛阴道后不会对奶牛健康带来不良影响，也不会由于传感器植入而引起奶牛阴道刺激、损伤、分泌物异常等应激反应。

6.3.2 终端节点设计

终端节点设计主要包括系统电源电路、ZigBee 最小系统（CC2530 微处理器）以及电阻测量 NE555 方波输出电路等模块，其硬件结构示意图如图 6-5 所示，图中阴道植入式传感器输出的电阻信号变化引起 NE555 振荡电路频率的变化，通过 CC2530 微处理器测量 NE555 振荡电路频率可以得到奶牛阴道黏液电阻。

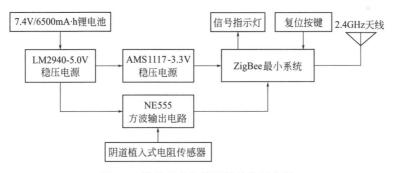

图 6-5　终端节点电路硬件结构示意图

（1）电源电路设计

根据系统需求分析，为了实现终端节点对奶牛阴道电阻数据的实时采集和处理，以及对奶牛阴道电阻进行至少一个发情周期的监测，系统选用体积小、供电稳定、持续时间长的 7.4/6500mA·h 可充电锂电池为终端节点供电。同时系统采用低压差稳压芯片 LM2940 将 7.4V 电源电压降为 5V，为工作电压 5V 的 NE555 电路供电。采用 AMS1117-3.3V 稳压芯片将 5V 电压降为 3.3V，为工作电压 3.3V 的 CC2530 微处理器供电。

（2）NE555 方波发生电路

由 NE555 芯片和 R1、R2、C1 组成如图 6-6 所示的多谐方波振荡输出电路，电路输出脉冲频率由 R1、R2、C1 确定。

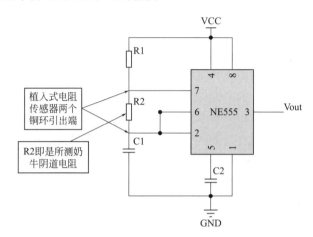

图 6-6　电阻测量方波发生电路图

由图 6-6 电阻测量方波发生电路图电路可知，电路输出的脉冲频率如式（6-1）所示。

$$f = \frac{1}{\ln 2 C_1 (R_1 + 2R_2)} \tag{6-1}$$

式中　　f ——电路输出的脉冲频率，Hz；

R_1 ——与电路输出脉冲频率相关的电阻，Ω；

R_2 ——待测奶牛阴道电阻，Ω；

C_1 ——振荡电路充放电电容，μF。

由式（6-1）可知，可以通过测量输出脉冲频率来计算被测电阻 R_2 的大小，如式（6-2）所示。

$$R_2 = \frac{1}{2\ln 2 C_1 f} - \frac{R_1}{2} \tag{6-2}$$

根据奶牛阴道电阻值从间情期到发情期在 150～600Ω 之间变化，设计 R_2 测量量程为 1Ω～1kΩ。考虑 CC2530 单片机可接受的脉冲频率为 0～20kHz，以及系统电阻功耗不能太大，选择 R_1 为 500Ω 的精密电阻，C_1 为 1μF 的独石电容。

（3）终端节点控制器

终端节点主要完成奶牛阴道电阻数据的采集、处理和发送。采用 TI 公司的 CC2530F256 主控芯片，该芯片是一个具有 2.4GHz 频率和 IEEE 802.15.4 标准 ZigBee 功能的片上系统，内置增强型 8051CPU，只需少量外围器件即可组成性能强大的 ZigBee 节点。为了降低终端节点系统的功耗，采用电源休眠技术，工作时唤醒以满足终端节点低功耗要求。

6.3.3　无线传输网络设计

考虑到规模化养殖场奶牛数量较多，需要建立自组网络实现群体奶牛阴道电阻值的无线传输。目前较为成熟的无线技术均工作在免费 ISM 频段，如蓝牙、WiFi 和 ZigBee 等。蓝牙通信距离较短，WiFi 通信协议复杂、成本较高，而 ZigBee 专用芯片的成本和自身功耗都较低、算法简单，且具有较高的可靠性和安全性。故选择基于 IEEE 802.15.4 标准的 ZigBee 技术组网。

奶牛阴道电阻无线监测网络采用星型拓扑结构，由多个终端节点和一个协调器节点组成。终端节点接收阴道植入式传感器的电阻信号，实现电阻由奶牛体内到体外的测量传输，每个终端节点通过无线网络向协调器传输数据。

协调器节点负责整个系统无线网络的建立及管理，内部控制芯片采用 CC2530，具有由休眠模式和转换到主动模式的超短时间的特性，能够满足植入式传感器低功耗的要求。由于 ZigBee 无线传输距离有限，为了降低系统的丢包率，将协调器布置在奶牛养殖活动区的中心，有利于数据的稳定传输。

为了实现协调器节点信号到上位机监控中心的远距离传输，将 Zigbee 协调器串口发送出的 TTL 信号转换为负逻辑电平的 485 信号，通过 RS485 现场总线远距离传输到个人计算机实时监控中心，其数据传输速率可高达 100Kb/s，且传输稳定可靠。

6.3.4　终端节点和协调器封装实现

终端节点和协调器网关节点在硬件电路上基本相同，只是协调器上不需要植入式传感器信号处理等电路。采用将 ZigBee 处理器和系统功能分成上、下两层板设计，电路板上留有液晶屏接口和系统状态指示灯，便于调试和维护。同时对 PCB 电路板进行合理布局，并采用贴片元器件和集成电路使其电路板达到 4cm×4cm×2cm 的较小体积。

协调器节点固定于牛舍内，对防水和封装无太多要求，采用 6cm×5cm×4cm、透明的 ABS 材质盒子进行封装。固定裸露于奶牛尾巴根部的终端节点，采用防水盒来实现防水。防水盒为定制的 6cm×6cm×4cm、ABS 材质防水盒，质量 90g 左右，韧性好，防撞、防水、防潮。盒子侧面开口安装有可与植入式传感器连接的防水接线端子和天线裸露端子。

图 6-7 所示为终端节点与协调器的电路板及封装实物照片，电池及相应的电路处理部分分别固定封装在盒子中。为了避免防水盒对天线的信号传输造成衰减，终端节点通信天线露置于壳体外部，以实现数据的无线准确传输，如图 6-7（a）中圆圈所示。防水盒的接线端子和天线露出位置均采用防水尼龙接口进行处理。

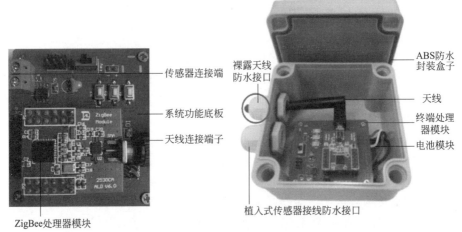

传感器连接端

系统功能底板

天线连接端子

ZigBee处理器模块

裸露天线防水接口

ABS防水封装盒子

天线

终端处理器模块

电池模块

植入式传感器接线防水接口

(a) ZigBee终端节点电路板和封装

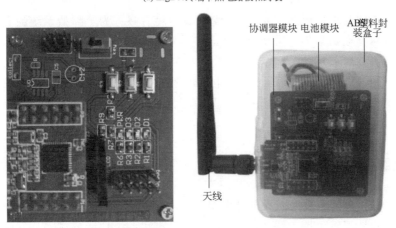

协调器模块　电池模块　ABS塑料封装盒子

天线

(b) ZigBee协调器电路板和封装

图 6-7　ZigBee 终端节点和协调器实物图

6.3.5　终端节点奶牛尾部固定及应激分析

（1）终端节点奶牛尾巴的固定方法

奶牛是大型活体动物，现有牛只用传感器主要通过项圈佩戴悬挂于脖颈、捆绑于腿部或固定于奶牛尾巴。系统的终端节点悬挂于脖颈会影响奶牛进食、饮水等活动，查阅现有文献、专利（刘福成 2019；刘存来 2016；汪家玲 2016（a）；汪家玲 2016（b）；马姗 2015；秦尚生 2014）可知，奶牛尾巴上固定传感器已有实际应用，比如在对奶牛测体温时，为了避免奶牛排便时将插入肛门内的体温计排出损坏，将体温计引出端通过粘贴层粘贴固定于奶牛尾巴根部，此方法操作简单，但奶牛尾部有毛发覆盖，粘贴会导致不牢固，容易掉落。刘晓江（2012）设计一种粘贴固定于奶牛尾巴根部的发情爬跨监测纸，可以监控奶牛一个发情期的发情爬跨行为。目前已有的应用中，蒙牛、爱尔兰 Moocall 公司给奶牛尾巴固定装上重力监测器，奶牛分娩时可立刻监测奶牛尾巴的翘起、移动，能够尽快帮助奶牛生产，节省人力去探查牛只分娩情况。

由以上分析可知，终端节点安装固定于奶牛尾巴根部理论和实践依据充分，安装尾巴根部可以使节点尽量避开牛只之间的碰撞，以及避免奶牛生殖器排泄物对其造成的影响，且安装于尾部距离奶牛阴道较近，便于信号的传输。因此终端节点固定于奶牛尾巴根部比捆绑于奶牛后腿、悬挂于颈部更合适。

为了实现终端节点在奶牛尾巴根部的固定，查阅可知目前市场上没有合适的奶牛尾夹可以使用。系统设计开发了新型的奶牛尾卡，用于实现终端节点和奶牛尾巴的固定，以避免终端节点掉落。根据奶牛的尾巴形状及功能，系统设计了两款奶牛尾夹固定器，如图 6-8 所示，主要由双环形紧固扎带过孔、螺钉过孔、防水盒固定支架座等组成。

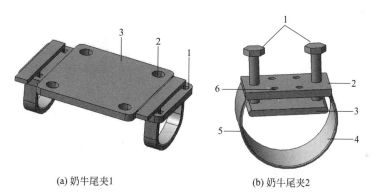

(a) 奶牛尾夹1

1—紧固扎带；2—螺钉过孔；
3—防水盒固定底座

(b) 奶牛尾夹2

1—紧固螺钉；2—防水盒固定底座；3—紧固压板
4—海绵衬里；5—弧形支撑板；6—螺钉过孔

图 6-8　奶牛尾夹示意图

系统中实际试验采用了图 6-8（a）奶牛尾夹的结构，此结构两端安装有两个紧固尼龙扎带，可实现双重固定，根据封装的防水盒尺寸设计的奶牛尾夹尺寸为 8cm×6cm×2mm 的环氧玻璃纤维板，力学性能好，无毒易加工，韧性较好，具有 4 个螺钉过孔以便和图 6-7（a）防水封装盒连接。根据不同奶牛的牛尾个体尺寸差异，通过调整两端扎带将防水盒固定于牛尾部。

图 6-8（b）奶牛尾夹 2 结构紧凑，主要由弧形支撑板、防水盒固定底座、紧固压板等组成。同时为了减少奶牛的应激和提高佩戴的舒适度，弧形支撑板内壁设置有海绵衬里。由于奶牛的尾巴尺寸不一致，可以通过调整紧固螺钉和压板，固定于奶牛尾巴不同的位置。

系统设计的奶牛尾夹，充分考虑了奶牛个体尾巴尺寸不同，可以进行限位调节，结构简单便于穿戴，不易脱落，双重固定更加牢固，且奶牛佩戴的舒适度较好，不会对奶牛造成伤害，尽量减小奶牛的应激。该尾夹装置也可方便地用于固定奶牛体征监测的其他传感器。

（2）奶牛尾巴应激分析

奶牛良好的福利是奶牛健康和品质的重要保证，曾经对奶牛采用断尾使挤奶时方便易操作，断尾行为违背了动物福利的原则。Eicher 等研究表明断尾行为虽然不会给奶牛造成疼痛，但奶牛断尾后无法用尾巴驱赶蚊蝇，从而遭受蚊虫苍蝇的叮咬，影响奶牛对抗蚊蝇的能力，表现出奶牛头部频繁转向尾部、抬腿、踩脚频率增加等替代摇尾驱赶蚊蝇的异常应激行为。因此奶牛尾巴的功能主要是用来驱赶蚊虫、苍蝇以及挠痒。

通过分析奶牛尾巴的功能和已有的研究应用可知，系统采用将封装后质量仅为 210g 的终端节点通过奶牛尾夹固定于奶牛尾根上部，使其不容易受到奶牛尾巴甩动的影响，同时也不影响奶牛尾巴驱赶蚊蝇的功能，奶牛佩戴之后舒适度较好，应激反应小，符合奶牛福利的要求。由于尾夹设计结构合理，防水盒子采用 ABS 工程塑料，不会由于奶牛的应激而造成损坏。

6.4 系统软件设计

奶牛阴道电阻无线监测系统软件采用模块化设计，主要包括电阻采集与处理模块、无线信号传输模块以及奶牛阴道电阻上位机实时监测系统 3 部分。

6.4.1 系统工作流程

奶牛阴道电阻至少需要一个发情周期的连续监测，为了减少整个系统的功耗，根据奶牛的发情特征（发情状态持续 1～2d），系统采用定时唤醒的工作机制，每 2h 进行一次数据采集和传输。系统通电后进行终端节点和协调器的初始化，完成系统的组网。终端节点处理奶牛阴道内传感器采集的电阻值，通过组建好的星型网络，将不同奶牛佩戴的终端节点所采集的阴道电阻发送至协调器，协调器将数据处理后，通过 RS485 总线上传到远程个人计算机后，上位机远程监控软件对数据解码处理后将电阻实时显示并记录保存。系统主程序流程图如图 6-9 所示。

6.4.2 上位机监控软件设计

Visual Basic（VB）软件具有功能强大、控件丰富、能够与外部设备方便地

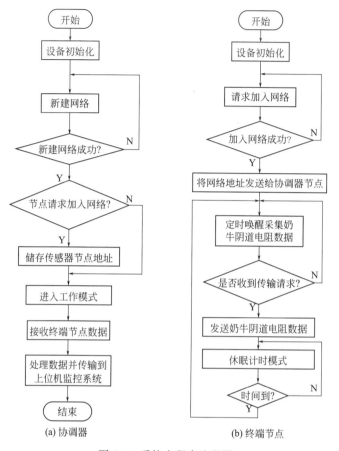

图 6-9　系统主程序流程图

实现串口通信等特点，因此选用 Microsoft VB 6.0 软件开发奶牛阴道电阻上位机监测系统，监测系统主要包括：系统登录、监测系统主界面、电阻实时变化曲线、电阻历史曲线、奶牛发情状态显示等。

　　每头奶牛所佩戴的终端节点配置不同的数据帧头，因此上位机接收到无线传感网络发送来的数据不同，需要在后台对接收的数据进行解码，实现对不同奶牛的电阻值与发情状态监测。图 6-10 所示为奶牛阴道电阻实时监测主界面，该界面主要分为 4 个部分：参数设置、奶牛阴道电阻信息区、奶牛发情状态显示区以及奶牛阴道电阻实时变化曲线。参数设置功能用于选择个人计算机可用串口，设置串口的通信属性，以及根据实际情况设置发情期电阻阈值和阴道电阻值采样时间间隔。串口通信参数设置完成后，选择奶牛对应的编号，系统即响应和显示所选奶牛的电阻值，并根据设置的发情期电阻阈值判断奶牛是否处于发情期。电阻实时显示曲线可显示所监测奶牛一天 24h 内阴道电阻值变化，方便进行实时监测和奶牛发情预测。系统还具有奶牛阴道电阻数据保存、历史电阻值查看等功能。

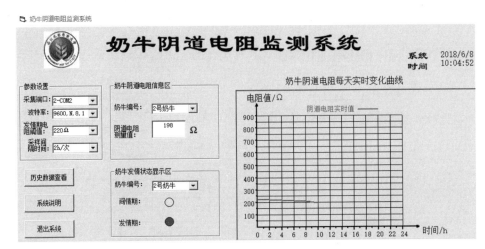

图 6-10　奶牛阴道电阻实时监测主界面

6.4.3　发情预警系统设计

奶牛在一个发情周期中根据其生理变化分为发情期和间情期，发情期电阻值最低，间情期电阻值最高。根据已有的研究结果，奶牛阴道前庭电阻在 $180\sim$ 220Ω 时处于发情期，且为最佳受孕时间；在间情期时电阻值较大，可达 $300\sim$ 600Ω。同时越接近发情排卵期，其阴道电阻值呈迅速下降趋势，排卵期过后电阻值又逐渐升高并恢复至间情期水平，且在奶牛阴道电阻值降至最低时为奶牛的最佳授精时间。在上位机监测系统监测到奶牛阴道电阻后，通过与发情期电阻阈值进行判别并给出奶牛的发情状态。上位机发情预警系统设计的奶牛发情期阴道电阻阈值为 220Ω，实际生产应用中，应在奶牛场通过监测观察一段时间，以便根据奶牛场奶牛的年龄、胎次、环境、季节等，找到合适的奶牛发情阴道电阻判断阈值。系统还可以根据奶牛阴道电阻值的变化曲线来判断奶牛的发情状态。

6.5　试验与结果分析　◀◀◀

6.5.1　电阻测量准确性试验

为了验证电阻测量系统的准确性，考虑到奶牛阴道电阻在 $150\sim600\Omega$ 之间变化，选用 1kΩ 高精度可调电位器（上海天逸电器，精度±0.25％，电位器、刻度盘和旋钮一体化）测试系统的准确性。试验时，为了直观显示终端节点振荡电路频率和测量电阻值，在终端节点上安装 3.2 寸薄膜晶体管（Thin film transistor，TFT）液晶屏来实现人机交互。为了验证测量结果的准确性，利用 Tektronix MDO3052 示波器（泰克公司，美国）进行 555 振荡电路频率信号的测量，ZigBee 终端节点将采集的频率和电阻显示在 TFT 屏上。当测试的精密电位器阻值为 150Ω 时，终端节点 TFT 和示波器显示结果如图 6-11 所示。

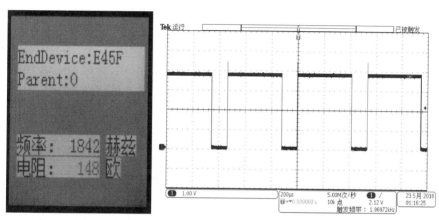

(a) 终端节点TFT显示结果　　　　　　(b) 示波器频率测量结果

图 6-11　植入式电阻传感器准确性测试结果

为了使测试电阻与奶牛阴道实际电阻值范围相一致，调整电位器的阻值在 100～800Ω 范围内，用普通万用表和植入式电阻无线监测系统进行测试比较，结果如表 6-1 所示。

表 6-1　电阻测量准确性对比 　　　　　　　　　　　　　　　　Ω

测试序号	可调电位器电阻	普通万用表测量电阻	植入式电阻传感器测量电阻
1	100	103	101
2	150	150	148
3	200	203	202
4	250	252	251
5	300	298	298
6	350	352	352
7	400	403	401
8	500	498	499
9	650	653	651
10	800	804	798

根据精密标准电阻的测试结果，分别对植入式电阻传感器和普通万用表测试结果进行线性回归分析，其拟合关系如式（6-3）、式（6-4）所示。

$$Y_0 = 0.9981x + 0.8137 \tag{6-3}$$

$$Y_1 = 1.0021x + 0.8370 \tag{6-4}$$

式中　x——可调电位器真实值，Ω；

$\qquad Y_0$——植入式电阻传感器测量值，Ω；

$\qquad Y_1$——普通万用表测量值，Ω。

由式（6-3）和式（6-4）可知测量值与真实值的决定系数 R^2 分别为 0.9920 和 0.9999。表明植入式电阻传感器的测量结果可以真实地表征奶牛的阴道电阻值。从表 6-1 可以看出，植入式电阻传感器系统测量精度稳定在 $\pm 2\%$，克服了目前已有研究中用万用表和导线探针测量奶牛阴道电阻值精度不高、费时费力的问题。

6.5.2　电阻测量稳定性试验

为了验证植入式电阻传感器测量系统的稳定性，室温条件下在 2 个聚丙烯槽里放置 3L 的 NaCl 溶液，通过添加 NaCl 来调整浓度，用高精度数字万用表（FLUKE 15B）测量其电阻分别为 180Ω、220Ω。奶牛阴道电阻在 $180\sim 220\Omega$ 时最适宜授精，选取这两个阻值可以真实的模拟奶牛阴道电阻变化。试验时选取 2 个植入式电阻传感器投入两个聚丙烯槽内，稳定性试验如图 6-12 所示。

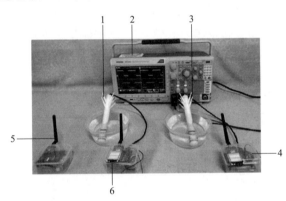

图 6-12　植入式电阻传感器稳定性试验

1—植入式电阻传感器 1；2—示波器；3—植入式电阻传感器 2；
4—终端节点 1；5—协调器节点；6—终端节点 2

根据奶牛发情特点以及阴道电阻的变化状态，连续测量观察 24h，每隔 2h 通过终端节点液晶屏读取所测电阻值，2 个传感器在标准电阻值为 180Ω 和 220Ω 时测试结果如图 6-13 所示。由图 6-13 可以看出，在设定的 2 个电阻值下传感器测量的电阻稳定性较好，连续 24h 内电阻值变化不大，最大绝对误差为 2Ω，未发生明显的阻值波动异常现象，传感器具有较好的稳定性，能够较好地测量奶牛阴道的实时电阻值，避免了人工操作接触不良导致测量不稳定的问题。

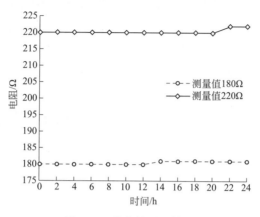

图 6-13　稳定性测试结果

6.5.3　系统可靠性试验

6.5.3.1　系统网络传输结构

系统的网络传输结构采用 ZigBee 无线网络技术与 RS485 工业总线相结合，可以实现两者的优势互补。根据实际调研情况，奶牛阴道电阻值采集频率不用太高，一般 2h 或更长时间采集 1 次，系统的数据量比较小。为了进一步避免网络堵塞，系统采用简单的停止等待应答协议，协调器每次发送 1 帧数据后，停止发送，等待上位机确认应答。在协调器收到确认反馈帧后则继续发送下一帧数据，如果在规定的时间内没有收到确认反馈帧，则重发上一帧数据，从而也保证了数据在协调器和上位机之间传输不丢包。

系统通过采用 RS485 "主从式"通信模式和简单的数据传输停止等待协议双重措施，使得 485 通信线路中不会出现网络堵塞和数据的丢包，保证了数据的正确及时传输。整个系统的数据丢包主要发生在终端节点和协调器之间的无线通信上。

6.5.3.2　系统丢包率测试

奶牛养殖区环境复杂，其传输距离、养殖场建筑物遮挡等因素均会导致无线信号传输的衰减，导致数据在终端节点和协调器之间发生丢包现象，影响系统的可靠性。为了测试系统的通信传输距离对数据丢包率的影响，选择河南省南阳市育阳奶牛养殖基地的奶牛活动区进行测试，活动区场地为 30m×15m，设置植入式传感器终端节点发射功率为 1dBm，信道频率为 2.4GHz，工作电压为 3.3V。测试场地和协调器节点安装位置如图 6-14 所示，将协调器节点（图中黄色区域）固定于活动区距离水平地面高度为 3m 的养殖场钢棚横梁上。

图 6-14   丢包率测试场地

在奶牛活动区人工移动植入式传感器终端节点，并逐渐增加收发距离，使其与协调器节点通信距离分别为 5m、10m、20m、40m、80m、100m，测试点对点丢包率。测试时同一位置每次发送 1000 个数据包，采用 TI 公司的 SmartRF Studio7 软件进行测试，测试结果如表 6-2 所示。

表 6-2   系统通信距离与丢包率测试结果

测试序号	测试环境	通信距离/m	发送数据包数/个	接收数据包数/个	丢包率/%
1	奶牛活动区	5	1000	1000	0.0
2	奶牛活动区	10	1000	998	0.2
3	奶牛活动区	20	1000	997	0.3
4	奶牛活动区	40	1000	994	0.6
5	奶牛活动区	80	1000	990	1.0
6	奶牛活动区	100	1000	985	1.5

由表 6-2 可知，由于奶牛养殖场环境复杂，随着测试距离的增大，数据丢包率增大，接收灵敏度不断变小。在测试距离为 20m 时，网络几乎没有丢包现象，网络传输在 100m 范围内，数据发送成功率在 98.5% 以上，能够实现自组网和奶牛阴道电阻值的无线远程传输。

6.5.4   终端节点能量可用性试验

植入式电阻传感器的终端节点采用电池供电，当电池电量低于一定阈值时，采集终端节点将不能正常工作。为了验证终端节点的连续工作性，选用 7.4V/6500mA·h 可充电锂电池，采用定时唤醒的工作机制，测试时设置终端节点为每 2h 进行一次采样，每次连续采样 5 个电阻值，且每个电阻值采集间隔 1min。

对采集到的 5 个电阻采用均值滤波处理，作为当前采样时刻的电阻值，该方法有利于终端节点以最小能耗传输数据。

在连续测量的第 38d 时，终端节点电池电压降为 6V，不能满足 CC2530 控制器 3.3V 正常工作电压的需要。因此可以在一个发情周期内对奶牛阴道电阻进行连续监测，当监测到电阻值快速下降时，表明奶牛处于发情期，可取出植入式传感器给终端节点充电，并对奶牛进行输精操作。植入式电阻传感器仅在奶牛 1 个发情周期内留置于阴道内，时间较短，可最大程度减小奶牛的应激反应。

小结

① 根据奶牛发情时阴道黏液电阻变化，提出一种基于阴道电阻变化来预测奶牛发情的方案。系统能够准确有效地监测奶牛阴道电阻的变化，可实现 24h 奶牛发情全覆盖监测，对奶牛的隐性发情也能较好地进行监测。

② 提出并设计了一种由铜环电极、8 爪防滑装置构成的奶牛阴道植入式电阻传感器，完成了终端节点的防水封装。设计了一种固定终端节点的新型奶牛尾夹，实现了基于 ZigBee 网络的奶牛阴道电阻值远程无线实时监测。

③ 试验结果表明，奶牛阴道植入式电阻传感器体积小，质量仅仅为 46g，测量精度为 ±2%，连续 24h 内电阻测量值最大波动为 2Ω，稳定性好，响应速度快，上位机可实时监测奶牛阴道电阻值。终端节点在 7.4V/6500mA·h 锂电池电量供应下，可连续工作 38d，能够实现一个发情周期内对奶牛阴道电阻值的连续监测。

④ 设计的网络传输结构合理，穿透性强，系统可靠性高，数据发送成功率在 98.5% 以上，能够方便地实现自组网，可为奶牛发情程度和排卵时间准确预测提供了一种新的方法。

参 考 文 献

[1] 王玉庭. 浅谈发展本土奶源的重要性[J]. 中国乳业，2017(3)：6-8.

[2] 肖建华，胡玉龙，范福祥，等. 奶牛繁殖决策支持系统的构建[J]. 中国农业科学，2012，45(10)：2012-2021.

[3] 邱建飞. 奶牛发情监测系统的设计[D]. 保定：河北农业大学，2012.

[4] 寇红祥，赵福平，任康，等. 奶牛体温与活动量检测及变化规律研究进展[J]. 畜牧兽医学报，2016，47(7)：1306-1315.

[5] 何东健，刘冬，赵凯旋. 精准畜牧业中动物信息智能感知与行为检测研究进展[J/OL]. 农业机械学报，2016，47(5)：231-244.

[6] At-Taras E E, Spahr S L. Detection and characterization of estrus in dairy cattle with an electronic heatmount detector and an electronic activity tag[J]. Journal of Dairy Science，2001，84：792-798.

[7] 田宏志，刘江静，陈晓丽，等. 奶牛生殖激素和体温的性周期变化及调控机制研究进展[J]. 中国畜牧杂

志，2019，55(2)：27-32.

[8] 曹学浩，黄善琦，马树刚，等. 活动量监测技术的研究及其在奶牛繁殖管理中的应用[J]. 中国奶牛，2013(8)：37-40.

[9] Xiaoxin J，Shuangyi D，Wei L，et al. Identification effects of pedometer on estrus of holstein cows during peak lactation period[J]. Animal Husbandry and Feed Science，2014，6(2)：63-65.

[10] Schofield S A，Phillips C J C，Owens A R. Variation in milk production，activity rate and electrical impedance of cervical mucus over the oestrus period of dairy cows[J]. Animal Reproduction Science，1991，24(3)：231-248.

[11] 郑伟，年景华，李军. 奶牛计步器的应用效果分析[J]. 中国奶牛，2014(22)：32-34.

[12] 甘芳，杨健琼，张克春，等. 牧场管理专家系统在有机牧场的应用及导电性与奶成分相关性的分析研究[J]. 上海畜牧兽医通讯，2010(2)：5-8.

[13] 李跃华，岳云峰，范吉云. 低功耗奶牛行为监测仪的设计[J]. 苏州大学学报(工科版)，2010，30(2)：27-30.

[14] 柳平增，丁为民，汪小旵，等. 奶牛发情期自动检测系统的设计[J]. 测控技术，2006，25(11)：48-51.

[15] Talukder S，Kerrisk K L，Ingenhoff L，et al. Infrared technology for estrus detection and as a predictor of time of ovulation in dairy cows in a pasture-based system[J]. Theriogenology，2014，81(7)：925-935.

[16] Suthar V S，Burfeind O，Patel J S，et al. Body temperature around induced estrus in dairy cows[J]. Journal of Dairy Science，2011，94(5)：2368-2373.

[17] Yajuvendra S，Lathwal S S，Rajput N，et al. Effective and accurate discrimination of individual dairy cattle through acoustic sensing[J]. Applied Animal Behaviour Science，2013，146(1)：11-18.

[18] Chung Y，Lee J，Oh S，et al. Automatic detection of cow's oestrus in audio surveillance system[J]. Asian-australasian Journal of Animal Sciences，2013，26(7)：1030-1037.

[19] Fresno M D，Macchi A，Marti Z，et al. Application of color image segmentation to estrusc detection[J]. Journal of Visualization，2006，9(2)：171-178.

[20] Tsai D M，Huang C Y. A motion and image analysis method for automatic detection of estrus and mating behavior in cattle[J]. Computers and Electronics in Agriculture，2014，104：25-31.

[21] 顾静秋，王志海，高荣华，等. 基于融合图像与运动量的奶牛行为识别方法[J/OL]. 农业机械学报，2017，48(6)：145-151.

[22] 张子儒. 基于视频分析的奶牛发情信息检测方法研究[D]. 杨凌：西北农林科技大学，2018.

[23] 姜红. 三种奶牛发情鉴定方法的比较[J]. 中国畜牧杂志，2002(5)：37-38.

[24] 吴瑞辉. 奶牛体征参数处理系统设计[D]. 保定：河北农业大学，2010.

[25] Morais R，Valente A，Almeida J C，et al. Concept study of an implantable microsystem for electrical resistance and temperature measurements in dairy cows，suitable for estrus detection[J]. Sensors & Actuators A Physical，2006，132(1)：354-361.

[26] Andersson L M，Okada H，Miura R，et al. Wearable wireless estrus detection sensor for cows[J]. Computers and Electronics in Agriculture，2016，127：101-108.

[27] 寇红祥，李蓝祁，王振玲，等. 牛发情期活动量与阴道黏液电阻值变化规律的研究[J]. 畜牧兽医学报，2017，48(7)：1221-1228.

[28] 牛海昌，曹灿民，南朝俊. 用电阻测定母牛最适受精时间提高受孕率的试验报告[J]. 中国牛业科学，1995(4)：8.

[29] 吴元昌，郑羽，高建新. 发情鉴定仪测定母牛适宜配种时机[J]. 畜牧兽医杂志，2008，27(2)：92-93.

[30] Rorie R W，Bilby T R，Lester T D. Application of electronic estrus detection technologies to reproductive management of cattle[J]. Theriogenology，2002，57(1)：137-148.

[31] Ningwal D，Nema S P，Kumar S，et al．Vaginal electrical impedance of cervico-vaginal mucus in relation to fertility in crossbred cows and heifers[J]．Indian Journal of Veterinary Sciences & Biotechnology，2018，13(4)：92-94.

[32] 何东健，刘畅，熊虹婷．奶牛体温植入式传感器与实时监测系统设计与试验[J/OL]．农业机械学报，2018，49(12)：195-202.

[33] 邹华东，谢发忠，陈小林．基于 555 多谐振荡电路的自动电阻测量仪[J]．长春大学学报，2013，23(6)：669-672.

[34] Lee C N，Gebremedhin K G，Parkhurst A，et al．Placement of temperature probe in bovine vagina for continuous measurement of core-body temperature[J]．International Journal of Biometeorology，2015，59(9)：1201-1205.

[35] 殷国荣，杨建一，卫泽珍，等．电极探测法进行发情鉴定对母牛宫颈-阴道粘液微生物区系的影响[J]．黑龙江动物繁殖，2000(3)：6-8.

[36] Mccaughey W J．Pregnancy diagnosis in cattle by measuring vaginal electrical resistance[J]．Veterinary Research Communications，1981，5(1)：85-90.

[37] 刘戈，王黔，杨庆华，等．聚氨酯弹性体和 Medpor 作为人工耳支架材料的力学研究[J]．中国修复重建外科杂志，2019，33(4)：492-496.

[38] 蒋顶军，周小梅．医用塑料技术应用新进展[J]．国外塑料，2013，31(6)：36-40.

第7章
基于物联网和云端的奶牛发情体征监测系统设计

奶牛发情的及时有效监测是提高奶牛养殖经济效益的重要保证，而奶牛的体温和运动量变化可以指示奶牛的发情状态。针对传统人工观察效率较低、单一运动量监测易产生漏检、错检、无法远程实时监测等问题，本章研究基于物联网和云端的奶牛发情体征远程实时监测方法，以远程监测奶牛的体温和运动量为研究目标，利用传感器、嵌入式技术、网络技术等，设计开发奶牛体征采集终端、无线网络传输系统，构建融合体温和运动量的奶牛发情预测模型，为实现奶牛发情体征的远程实时监测和发情的及时鉴定提供支撑。

7.1 引言

奶牛养殖是我国畜牧业的重要组成部分，是关系到我国国计民生的一个产业，而奶牛发情的及时监测及健康管理关系到奶牛养殖的经济效益。奶牛发情及健康状态通常会由各项生理参数反映，其中最具有代表性的是体温和运动量。奶牛是恒温动物，但在发情期和发生疾病时，其体温会产生明显变化。Lewis 等和Wrenn 等研究发现，奶牛发情前 4～5d 体温开始下降，至发情前 2d 降至最低，之后体温逐渐升高，发情当天达到最高，同时发情前 1d 运动量增加，发情时运动量达峰值。因此及时获取奶牛的体温和运动量对掌控奶牛发情和疾病预防具有重要意义。在我国大部分奶牛场，传统发情鉴定靠人工观察，需要具有丰富的实践经验，并且单靠管理人员观察去做到及时发现奶牛发情是一件非常困难的事情，这种方法仅用于小规模奶牛养殖，已经不能适应我国规模化、集约化奶牛养殖的需求。因此把自动化、信息技术引入奶牛养殖，用电子传感器监测奶牛发情体征，采集、记录奶牛个体发情体征，准确判断奶牛发情时间，充分发挥良种奶牛的繁殖潜力，已经成为提升我国奶业综合生产能力、提高牛奶质量安全水平的重要手段。

近年来国内外关于奶牛发情监测进行了一系列研究，Arney 等研究发现奶牛在发情前 80h 运动量开始明显增加，通过在奶牛四肢、脖颈等位置安装电子计步器采集运动量来判断是否发情，但饲养密集度、温度、跛行会降低该方法的准确性。Sakaguchi 等研究表明，计步器对奶牛发情的有效监测率在 52％～92％之间。以色列阿菲金公司开发的牧场管理系统通过计步器监测奶牛运动量来判断发情。德国韦斯伐利亚（DairyPlan C21 系统）与瑞典利拉伐（ALPRO 系统）也相继开发出奶牛发情监测系统，通过将计步器安装在奶牛腿腕部或佩戴于奶牛颈部，挤奶时可通过挤奶厅门口的数据采集器实时监测上传奶牛运动量信息。这些国外的奶牛管理系统在某些情况下仍不能满足奶农的需求，比如阿菲金和韦斯伐利亚系统只能在每天挤奶的时候才能读取奶牛运动步数，其他时段不能读取，不能满足实时监测奶牛发情的目的。而利拉伐的计步器虽然可以在任何时刻读取奶牛运动步数，但通信距离在 100m 之内，不能满足奶牛大规模养殖的需求。

国内学者对奶牛发情的自动监测也进行了大量研究，取得了一些成果。杨勇借助于自主研发的奶牛计步器，在每天挤奶时集中采集奶牛运动量，是国内该领域较早研究的学者，但该设备未见推广应用。蒋晓新等用计步器对荷斯坦奶牛进行发情鉴定，与人工观察相比发情检出率提高了 24.01％。田富洋等建立了以步数、静卧时间及温度为输入的 LVQ 神经网络模型进行奶牛的发情预测。柳平增等人基于 TI 公司的 MSP430 微控制器，设计了计步器来监测奶牛发情，但没有对无线通信方式和通信距离等问题进行深入的研究。胡剑文等采用振动传感器，基于 ARM9 设计了奶牛运动量无线采集系统，但系统采用点对多点的星状无线通信方式，通信距离较短，不适用大型的奶牛养殖场。近年来国内对奶牛发情的自动化监测进行了大量研究，但基本都是处于实验室研发阶段，目前国内市场还没有成熟的、自主知识产权的奶牛发情监测系统。

纵观近年来国内外对奶牛发情系统的研究，发情监测自动化水平明显提高，但目前国外产品成本较高，同时由于奶牛活动范围广，系统普遍存在移动性差、通信距离有限、运动量数据不能实时、远程监测以及系统操作复杂等问题，以及仅靠单一运动量不能实现奶牛的隐性发情预警。随着物联网和"互联网＋"时代的到来，智能移动终端在畜牧养殖中得到了一定的应用，微信公共平台的开发也给畜牧养殖人员提供了监测的方便。然而目前尚未有关于智能移动平台进行奶牛发情体征的监测，也没有相关的实用性成果推出应用。

因此，本章根据奶牛发情及健康监测实际需求，融合奶牛发情体征的温度和运动量，提出了基于物联网技术、ZigBee 技术、嵌入式技术和无线传感器网络（WSN），构建基于物联网和云端的奶牛发情体征监测系统，实现奶牛发情体征可以通过 Android 手机端网页、微信平台以及远程计算机访问监测，构建融合体温和运动量的奶牛发情预测模型，实现奶牛发情的及时准确监测。

7.2 奶牛体征监测系统总体设计 <<<

7.2.1 系统设计需求分析

由于规模化、集约化奶牛养殖的需要，现代奶牛养殖场一般按照科学的规划，布局合理，一般有奶牛喂养区、活动区、挤奶区、粪污处理区等，经过对河南省南阳市育阳奶牛养殖基地的实地调研，奶牛发情体征远程监测系统主要需求如下。

① 奶牛的体温和运动量是奶牛发情的重要体征和健康状况指标，因此体征采集节点应能实现奶牛体温和运动量的采集。

② 体征采集节点佩戴于奶牛身上，奶牛在养殖区内会四处走动，因此节点应便于佩戴，且应较少对奶牛的应激。

③ 体征采集节点应体积较小，能耗较低，同时佩戴于奶牛身上的节点要具有良好的封装，避免奶牛之间的碰撞对其造成损坏，以及要具有防水、防潮等功能。

④ 奶牛的体征数据能够实现无线远距离传输以及移动端平台访问，网络传输中可靠性高，数据丢包率低，同时体征采集节点可实现自组网，满足规模化奶牛体征监测的需求。

7.2.2 体征监测系统结构与功能

根据奶牛发情体征（体温和运动量）监测的需求，整个系统主要由奶牛发情体征采集节点、ZigBee网络、STM32数据处理中心、数据传输系统、上位机监测系统、云服务器平台以及手机微信APP客户端组成。系统设计整体结构如图7-1所示。

奶牛体征采集处理部分主要负责对奶牛体征信息的采集、传输，并由本地PC上位机完成数据的云端传输。系统中终端节点由非接触式温度传感器、三轴加速度计和ZigBee无线模块组成，主要实现奶牛发情体征数据的采集，并将数据通过ZigBee无线网络传送给协调器节点，协调器节点将接收的奶牛体征数据传送至STM32数据处理中心。STM32数据处理中心将协调器传送来的体征数据进行封装处理，并通过RS485总线远传到PC上位机，在奶牛场就地式监测显示并存储。同时上位机监测系统将发情体征数据传输至云服务器平台，可以通过Internet和4G网络随时随地、实时监测奶牛发情体征参数。同时为了实现微信客户端随时查询监测奶牛发情体征，将保存奶牛发情体征数据的云服务器对接微

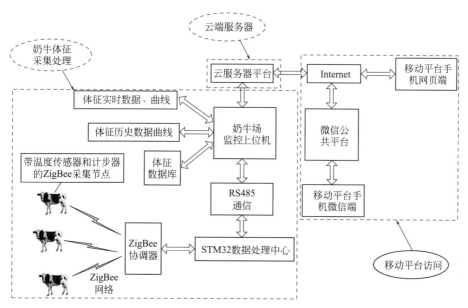

图 7-1　奶牛发情体征监测系统结构图

信服务器，用户通过关注微信公众号，发送相应的关键字即可实现奶牛发情体征的监测。

　　在不使用功率放大器的前提下，ZigBee 节点间的有效通信距离为 $10\sim100\mathrm{m}$ 内，虽然增加发射功率可以增加通信距离，但是加大了系统功耗。由于奶牛是大型移动动物，针对监测节点电池不方便更换的特点，系统通过在协调器节点增加 STM32 数据处理中心，由 STM32 单片机通过 RS485 总线和 Modbus 通信协议进行体征数据就地式远距离传输，通信距离在奶牛场内可达到 1200m，并通过接入云端实现了 Internet 网络访问。设计的系统充分利用了 ZigBee 无线自组网功能，又弥补了 ZigBee 通信距离短的弊端。根据奶牛场建设标准及相关要求，每头牛可按 $50\sim120\mathrm{m}^2$ 计算牛场总的占地面积，该系统网络架构合理，能够满足中型规模奶牛养殖的监控需求。

7.3 奶牛体征监测系统硬件设计 ◀◀◀

7.3.1 发情体征采集节点硬件设计

　　为了使奶牛减少或者不发生应激反应，奶牛发情体征采集节点应体积小、安装方便。系统设计的体征采集节点主要由奶牛体温采集、奶牛运动量采集、ZigBee 处理系统和采集节点电源系统 4 部分组成，其硬件结构如图 7-2 所示。

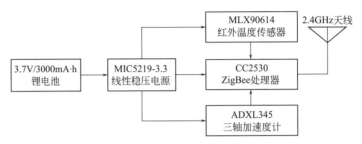

图 7-2　采集节点硬件结构图

7.3.2　ZigBee 无线模块

ZigBee 是基于 IEEE 802.15.4 通信协议的局域无线网络通信技术，功耗和成本较低，数据传输速率在 0～250Kb/s 之间，能够实现自组网（Baronti et al. 2007）。系统处理器选择 TI 公司 CC2530F256，完全兼容 IEEE 802.15.4 无线通信协议，内置 IR 发生电路和增强型 MCS-8051 内核，多种运行模式之间可以快速切换，功耗超低，比较适合需要低功耗场合的应用（马赛飞等 2016）。选用 CC2530F256 作为 ZigBee 网络节点的核心处理器，可以实现系统的功耗较低、体积较小，能够满足系统可靠性并降低系统成本的要求。

7.3.3　体温采集模块

传统奶牛体温检测采用兽用体温计，需要对奶牛进行固定并插入直肠进行 3～5min 的测量，时间较长，效率低下。而非接触式测温具有范围比较宽、响应速度较快、稳定性好等优点，主要通过检测物体向外辐射的红外能量来测定物体温度。MLX90614 是 Melexis 公司生产的红外温度传感器，它集成了红外热电堆传感器和信号调制器，信号调制器内含 17 位低噪声放大器 ADC 和 DSP 元件，能够进行高精度温度测量。MLX90614 测量物体的温度范围为－70～＋382.2℃，精度可达 0.01℃，灵敏度高，体积小，成本低，易集成，常用于医疗、工业等领域。综合考虑后，系统选用 MLX90614 温度传感器对奶牛体温进行实时精确测量。

MLX90614 采用工业标准 TO-39 罐形封装，可以滤除可见光和近红外光，其 4 个管脚分别为 SDA（数字信号的输入/输出）、SCL（两线制通信协议的串行时钟信号）、VCC（电源）、GND（地），温度信号可以送到脉宽调制电路以 PWM 方式输出，也可以通过 SMBUS 串行总线读取。硬件系统中该传感器采用两线制 SMBUS 数字总线通信，MLX90614ESF 接收外部红外信号，经传感器内部的信号处理电路调理后，将采集的奶牛体温送至 CC2530 单片机进行处理，而

CC2530 不支持硬件 SMBUS 总线，因此采用 CC2530 的 P1 _ 0 和 P1 _ 2 普通 I/O 口，通过在软件系统中模拟 SMBUS 总线协议来实现温度传感器数据的读取。如图 7-3 所示为 MLX90614 温度传感器与 ZigBee 模块的接线图，SCL、SDA 两个管脚通过 10kΩ 的上拉电阻分别与单片机的 P1 _ 0 和 P1 _ 2 相连，并与系统的 3.3V 电源连接。

7.3.4　运动量采集模块

ADXL345 是 ADI（Analog Devices，Inc.）公司生产的数字式三轴加速度传感器，内置有测量范围高达±16g 高精度运动传感器、数字滤波器、分辨率高达 13 位的 ADC 模块、32 级的 FIFO 缓存器，采用 SPI 总线或者 I^2C 总线接口与外界设备通信，以 16 位二进制补码的格式输出数据。ADXL345 采用 14 引脚小型超薄塑料封装，具有 3mm×5mm×1mm（长、宽、高）的小巧纤薄的外形尺寸，在典型电压 2.5V 时功耗电流约为 25～130μA，具有体积较小、功耗超低、量程可变、分辨率较高的优点。ADXL345 提供一些特殊的运动侦测功能，能侦测出物体是否处于运动状态，广泛应用在奶牛、生猪、蛋鸡、羊只等动物的运动量监测上。

考虑到系统设计的体征采集终端节点需要佩戴在奶牛身体上，为了不对奶牛的日常生活造成影响以及较少奶牛的应激不适，节点需要功耗低、质量轻、体积小。因此系统选择 ADXL345 三轴加速度传感器来采集的奶牛的运动量。系统中 ADXL345 的供电电压为 3.3V，其 $\overline{CS}$ 引脚拉高至供电电压，ADXL345 处于 I^2C 通信模式，使用采集节点 CC2530 的 P0 _ 0 和 P0 _ 2 在程序中模拟 I^2C 总线读取加速度数据。ADXL345 与 ZigBee 模块接线如图 7-4 所示。

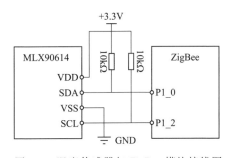

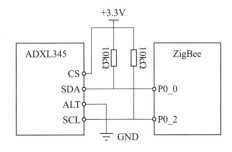

图 7-3　温度传感器与 ZigBee 模块接线图　　　图 7-4　ADXL345 与 ZigBee 模块接线图

系统设计的奶牛体征采集节点如图 7-5 所示。根据选择的温度传感器和运动量传感器型号，为了减小采集节点的重量和体积，采集节点相关电路的电气元件均采用贴片式元件，电路板采用上、下两层设计，功能分开布局，提高系统的可靠性。如图 7-5（a）为温度传感器和加速度传感器电路布局，图 7-5（b）为 ZigBee 处理器模块接口和系统电源接口。

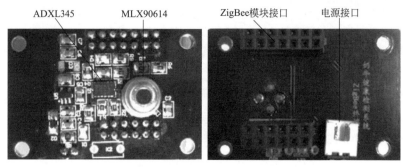

(a) 温度传感器和加速度传感器电路板图　　　(b) ZigBee接口和电源接口图

图 7-5　体征采集节点电路板

7.3.5　采集节点电源模块

体征采集节点安装在奶牛身上来获取奶牛的体温和运动量，选用具有容量大、体较小、安全性好、输出电压稳定的 3.7V/3000mA·h 锂电池供电。同时 ZigBee 控制器、MLX90614ESF 温度传感器和 ADXL345 三轴加速度计正常工作时需要稳定的 3.3V 直流电源。系统采用压差低、线性度好、输出电流大的 MIC5219-3.3 线性稳压芯片，将电池输出电压稳定到 3.3V 为采集节点相应的芯片电路供电。稳压电源电路如图 7-6 所示。

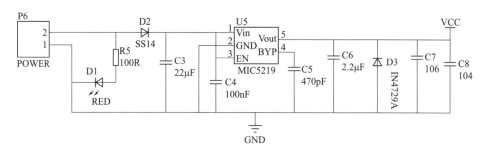

图 7-6　MIC5219-3.3 稳压电源电路图

7.3.6　发情体征接收终端设计

奶牛发情体征数据接收终端由 ZigBee 协调器和 STM32 单片机组成，通过协调器控制每个终端采集节点的启动和数据的发送；协调器同时作为数据的接收端，接收各个体征采集节点的无线信号，通过识别设备地址分辨出每头奶牛的信息，并通过串口把数据传输到 STM32 单片机中，STM32 通过 RS485 总线将奶牛发情体征参数上传至奶牛场监控上位机。接收终端主要由 ZigBee 协调器节点、STM32 数据处理、RS485 传输总线 3 部分组成，其硬件结构如图 7-7 所示。

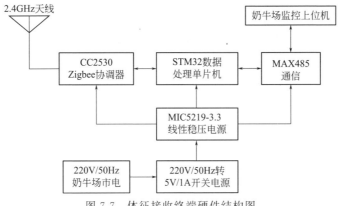

图 7-7　体征接收终端硬件结构图

7.3.7　STM32 控制器

STM32 是由 ST 公司研制的基于 ARM 内核 Contex-M3 的 32bit 微控制器，采用主流冯·诺依曼硬件结构，有着丰富的片上资源。系统采用 STM32F1 系列单片机中的 STM32F103RCT6，控制处理协调器发送的奶牛体征数据，以及负责与上位机的通信。

7.3.8　RS485 现场总线

奶牛养殖区到牛场监控室距离较远，如果采用 ZigBee 网络、TTL 电平或 RS232 通信，极易造成数据丢失、通信失败、链接中断等问题。系统采用 MAX3485 芯片将 STM32 单片机 UART1 发送出的 TTL 信号数据转为负逻辑电平的 485 信号数据，从而使协调器终端和奶牛监控室的距离通信可达 1200m。

7.4　系统软件设计

根据奶牛发情体征远程监测的需求，软件系统采用模块化设计思想，主要包括下位机奶牛体征采集处理软件、上位机远程监测软件以及手机移动端的通信设置等。

7.4.1　下位机体征采集软件设计

下位机体征采集软件主要有发情体征采集节点程序和协调器程序组成。采集节点通过 CC2530 控制 MLX90614 温度传感器和 ADXL345 三轴加速度计，

ZigBee 组网协议栈采用基于 ZigBee 2007 的 Z-Stack-CC2530-2.3.0 协议栈，开发环境为 IAR Embedded Workbench for 8051。

体征采集终端程序流程如图 7-8 所示。系统上电后初始化硬件设备和操作系统，检测 ZigBee 网络并加入，配置传感器基本工作模式，进行任务登记，测量奶牛体温为任务 1，测量奶牛运动量为任务 2，无线发送温度值、运动量数据和奶牛编号为任务 3，然后进行任务轮询，当有任务触发任务中断时，进行任务处理，同时设置无线发送任务为最高优先级任务，运动量采集任务优先级次之，体温采集任务优先级最低。

7.4.2 上位机发情体征监测软件设计

上位机监控软件系统开发平台为 Visual Studio 2013 编程环境，采用 C# 语言进行开发。上位机通过 RS485 转 USB 接口与采集终端的 STM32F103 单片机连接并进行通信，上位机监测系统主要实现奶牛体温和运动量数据的实时显示，监测体征数据到数据库的存储，以及奶牛体征数据的历史访问。

为了将奶牛体征采集终端接入互联网，构建奶牛发情体征物联网监控平台。系统选择国内应用广泛的 Yeelink 云平台。在 Yeelink 网站上能够完成对传感器数据的接入管理、数据存储等功能。上位机发情体征监测通过 HTTP 协议中 POST 方法把数据上传到 Yeelink 物联网云平台上，就可以通过 Internet 在远程计算机和移动平台对奶牛体征数据进行实时监测。上位机远程监控软件流程如图 7-9 所示。

7.4.3 微信开放平台设计

微信公众平台是腾讯公司在微信基础上推出的一款公众平台产品，具有不受移动终端和操作系统限制的优点，提供的"开发者模式"可以让用户方便地通过平台提供的接口连接到第三方服务器提供的服务。系统借助于微信开放平台实现了对奶牛发情体征的监测，避免了在手机上开发新的 APP，实现了通过微信公众号可以实时访问奶牛体征。

为了实现奶牛发情体征微信公众号访问，需要申请一个完整的公众号，同时申请一个 Yeelink 云服务器平台作为发情体征站点服务器。开发工具选用 LNMP（Linux＋Nginx＋PHP＋MySQL），Nginx 提供 HTTP 访问服务、PHP 提供和微信服务器交互的能力，MySQL 负责数据的存储，使用 SSH 工具将微信服务器链接至云服务器。用户在微信 APP 前端公众平台提交信息后，后端微信服务器将发送 GET 请求到配置的 URL，其中 GET 请求数据包括时间戳、随机数、以及解密需要用到的加密类型和消息体签名。链接的云服务器会根据配置对请求进行校验，若确认此次 GET 请求来自微信服务器，则原样返回随机数内容，接入生效，否则接入失败。这样就建立了微信服务器和开发者服务器的链接。微信开放平台访问系统结构如图 7-10 所示。

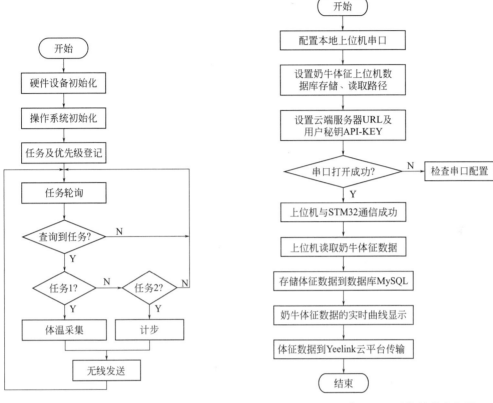

图 7-8　采集终端程序流程图

图 7-9　上位机远程监控软件流程图

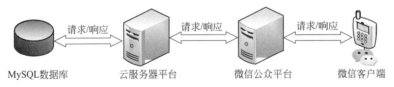

图 7-10　微信访问系统结构图

用户向微信公众号发送消息，微信服务器接收到用户发送的消息后，如果当前公众号已配置开发服务器，微信服务器会将用户发送的消息通过 HTTP 传递给云站点服务器。云站点服务器会分析文本消息内容，判断是否有指定的关键词，从而返回相应信息。奶牛体征监测系统采用用户发送指定"参数＋功能"关键词进行查询。由参数关键词指定查询奶牛编号，功能关键词指定查询奶牛体征参数，参数关键词和功能关键词之间用空格分隔。系统设计的关键词比如"奶牛 1 体征数据"，其中"奶牛 1"是参数关键词，"体征数据"是功能关键词，即查询奶牛 1 体征的相关数据。当程序收到这两个关键词，就会在所有数据里查询有关奶牛1的数据，再从这些数据里提取出体征数据，最后，返回给用户。如果指定数据不存在，或者功能关键词有误，可以在参数关键词有误的情况下提醒用户，而功能性关键词有误的情况下则什么都不回复。微信公众号访问流程如图 7-11 所示。

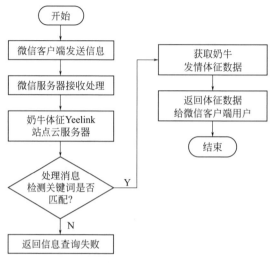

图 7-11　微信公众号访问流程图

7.5　系统测试与奶牛发情预测

7.5.1　温度测量准确性试验

为了验证奶牛体征测量中温度传感器的准确性，需要对温度传感器测量的准确性进行测试。选用 CF-B 电热恒温水浴槽（上海喆钛机械制造有限公司），将恒温水槽内纯净水的温度作为温度准确性验证的真实值。由于奶牛正常体温范围为 $37.5\sim39.5℃$，因此设置恒温水槽温度变化为 $35.5\sim40.0℃$。设定水槽温度从 $35.5℃$ 开始，当水槽温度稳定不变时，用体征采集终端的红外测温探头测量 1次水温，水槽温度每次间隔 $0.5℃$，测得结果如表 7-1 所示，表中测量误差＝温度测量值－温度真实值。

表 7-1　温度测量值与真实值对比　　　　　　　　　　　　　　℃

测试序号	测量值	真实值	测量误差
1	35.4	35.5	−0.1

续表

测试序号	测量值	真实值	测量误差
2	36.2	36.0	0.2
3	36.6	36.5	0.1
4	37.2	37.0	0.2
5	37.4	37.5	−0.1
6	38.1	38.0	0.1
7	38.5	38.5	0.0
8	39.2	39.0	0.2
9	39.4	39.5	−0.1
10	39.9	40.0	−0.1

由表 7-1 分析可知，温度传感器测量误差在 ±0.2℃ 以内，具有较高的测量精度，满足奶牛体温实时测量的精度要求。

7.5.2　网络丢包率测试

为了测试奶牛发情体征监测系统的可行性和稳定性，于 2017 年 5 月在河南南阳育阳奶牛养殖场活动区，对 ZigBee 网络传输中数据的丢包率（Data packet loss，DPL）进行测试。

ZigBee 数据丢包率测试采用 TI 公司的 SmartRF Studio7 软件进行测试，测试方法为：采用 1 个 ZigBee 终端节点和协调器节点，设置 CC2530 芯片发射功率为 −3dBm，信道频率为 2.4GHz，移动改变 2 个节点间的通信距离，通信距离分别定为 20m、40m、80m、100m、120m、150m，在每个测试距离上发送 300 个数据包进行测试。测试结果如表 7-2 所示。

表 7-2　ZigBee 数据丢包率

测试序号	测试环境	通信距离/m	发送数据包数/个	接收数据包数/个	丢包率/%
1	奶牛活动区	20	300	300	0.00
2	奶牛活动区	40	300	298	0.66
3	奶牛活动区	80	300	296	1.33
4	奶牛活动区	100	300	293	2.33
5	奶牛活动区	120	300	287	4.33
6	奶牛活动区	150	300	286	4.67

由上述实际测试结果分析可知，奶牛养殖场环境复杂，随着测试距离的增大，数据丢包率加大，且接收灵敏度不断变差。在测试距离为 80m 时网络几乎没有丢包现象，能够满足一般中等规模奶牛体征监测采集的需要。系统通信链路

中丢包主要在 ZigBee 网络中，在 Internet 网中只要网络状况良好，数据没有丢包现象，不过网速会影响访问终端获取奶牛体征参数的响应时间。

7.5.3 远程上位机和移动平台测试

由于奶牛体表大部分被厚毛发所覆盖，无毛部位较少，奶牛的颈部、耳道、尾根内侧都不容易固定体征采集终端，因此选择奶牛后腿蹄腕部进行体征采集。将发情体征采集终端封装为腕带式结构，采用后肢捆绑式安装于测试奶牛身上。随机选择 2 头奶牛进行体征的采集和远程监测试验，如图 7-12 所示（图中白圈内即为开发的采集终端）。

奶牛发情体征采集终端　　　　奶牛喂养区

图 7-12　奶牛发情体征采集

在奶牛场上位机上，打开奶牛发情及健康智能监控平台，通过选择编号为 1 的奶牛进行测试，其体温和步数的监测历史曲线如图 7-13 所示。

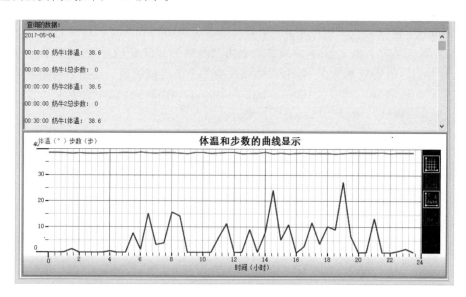

图 7-13　体温和步数监测历史曲线

上位机监测平台还可以把体征数据通过 HTTP 协议，上传到 Yeelink 云端，上位机客户端在上传奶牛发情体征数据后会给出回应，识别客户端状态码，判断是否上传成功，如图 7-14 所显示的文本框中状态，则表明发情体征数据上传云端成功。

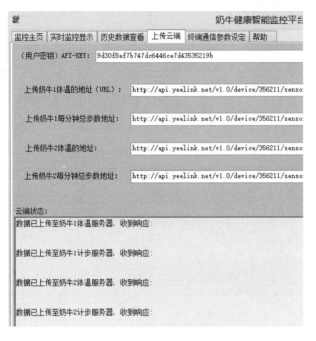

图 7-14　上位机上传云端响应情况

将体征数据成功上传至 Yeelink 云端，可以通过云端实时监测访问奶牛体征。如图 7-15 所示为远程上位机和移动平台访问监测奶牛 2 的运动量实时曲线图。

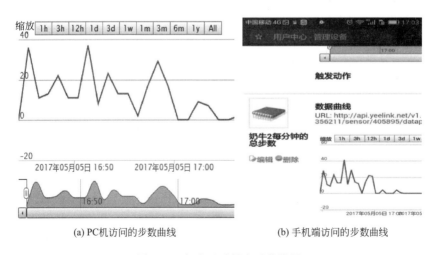

(a) PC机访问的步数曲线　　　　　(b) 手机端访问的步数曲线

图 7-15　奶牛运动量实时曲线图

7.5.4 手机微信客户端测试

设计开发好微信公众号平台后，奶牛场的管理者或育种人员在微信客户端关注系统公众订阅号，通过发送相应的关键词，设计的系统就会按照模糊设计查询的结果，返回相关奶牛的发情体征信息。移动平台测试采用华为 Honor 4X（华为技术有限公司）智能手机，其操作系统为 Android4.4.4，CPU 为 MSM8916（高通公司，美国），主频 1.2GHz，RAM 为 2GB。测试结果如图 7-16 所示。

图 7-16　奶牛发情体征微信查询结果

小结

① 提出并设计了基于 Android 和云端的奶牛发情体征监测系统，实现了奶牛发情体征的 PC 机以及移动平台的远程实时监测、查询以及云端数据上传。测试结果表明，该系统组网方便，运行稳定，操作简单，方便奶牛场管理及育种人员使用。

② 实现了奶牛发情体征云端服务器与微信开放公共平台进行对接，实现了 Android 微信平台远程访问。该监测系统通过云端平台无线传输，简单实用，操作方便，是奶牛养殖户监测奶牛发情简便有效的方法。

③ 设计了接触式、低功耗的奶牛体征采集模块，实现了奶牛体温和运动量的实时采集传输，并通过体温和活动量的变化可以及时观察监测奶牛健康状况，及早干预治疗，降低成本。

④ 系统通过将移动互联网、物联网与奶牛养殖业的结合，将奶牛体征采集设备连入互联网，并结合移动平台可以实时远程监测其体征状况，及时地对奶牛的生产进行管理，具有推广应用价值，能够促进我国畜牧业向精准化、现代化、信息化、智能化发展。

参 考 文 献

[1] 王玉庭. 浅谈发展本土奶源的重要性[J]. 中国乳业，2017(3)：6-8.

[2] 李栋. 中国奶牛养殖模式及其效率研究[D]. 北京：中国农业科学院，2013.

[3] 田富洋，王冉冉，宋占华，等. 奶牛发情行为的检测研究[J]. 农机化研究，2011，33(12)：223-227.

[4] 寇红祥，赵福平，任康，等. 奶牛体温与活动量检测及变化规律研究进展[J]. 畜牧兽医学报，2016，47

（7）：1306-1315.

[5] 李小俊，王振玲，陈晓丽，等. 奶牛体温变化规律及繁殖应用研究进展[J]. 畜牧兽医学报，2016，47（12）：2331-2341.

[6] Lewis G S, Newman S K. Changes throughout estrous cycles of variables that might indicate estrus in dairy cows[J]. Journal of Dairy Science，1984，67（1）：146-152.

[7] Wrenn T R, Bitman J, Sykes J F. Body temperature variations in dairy cattle during the estrous cycle and pregnancy[J]. Journal of Dairy Science，1958，41（8）：1071-1076.

[8] 吴瑞辉. 奶牛体征参数处理系统设计[D]. 保定：河北农业大学，2010.

[9] 曹学浩，黄善琦，马树刚，等. 活动量监测技术的研究及其在奶牛繁殖管理中的应用[J]. 中国奶牛，2013（8）：37-40.

[10] Arney D R, Kitwood S E, Phillips C J C. The increase in activity during oestrus in dairy cows[J]. Applied Animal Behaviour Science，1994，40（3）：211-218.

[11] Sakaguchi M, Fujiki R, Yabuuchi K, et al. Reliability of estrous detection in Holstein heifers using a radiotelemetric pedometer located on the neck or legs under different rearing conditions[J]. Journal of Reproduction & Development，2007，53（4）：819-828.

[12] 郑伟，年景华，李军. 奶牛计步器的应用效果分析[J]. 中国奶牛，2014（22）：32-34.

[13] 甘芳，杨健琼，张克春，等. 牧场管理专家系统在有机牧场的应用及导电性与奶成分相关性的分析研究[J]. 上海畜牧兽医通讯，2010（2）：5-8.

[14] 赵读俊. 基于 ZigBee 技术的奶牛活动量监测系统的研究与设计[D]. 广州：广东工业大学，2011.

[15] 杨勇. 奶牛发情计算机监测系统研究与开发[J]. 计算机与农业，2002（1）：12-14.

[16] 蒋晓新，刘炜，魏星远，等. 运用计步器鉴定泌乳盛期荷斯坦奶牛的发情效果研究[J]. 安徽农业科学，2013，41（15）：6728-6729.

[17] 田富洋，王冉冉，刘莫尘，等. 基于神经网络的奶牛发情行为辨识与预测研究[J]. 农业机械学报，2013，44（S1）：277-281.

[18] 柳平增，丁为民，汪小岊，等. 奶牛发情期自动检测系统的设计[J]. 测控技术，2006，25（11）：48-51.

[19] 胡剑文，谷刚，徐治康，等. 基于 ARM9 的奶牛运动量无线采集系统终端设计[J]. 农机化研究，2010，32（7）：130-134.

[20] 肖玲. 基于智能终端的养殖场监管平台设计与实现[D]. 长沙：中南林业科技大学，2014.

[21] Guo W, Healy W M, Zhou M C. Interference impacts on ZigBee-based Wireless Mesh Networks for building automation and control[C]. IEEE International Conference on Systems，Man，and Cybernetics. IEEE，2011：3452-3457.

[22] 侯发社，王立新. 标准化奶牛场（小区）规划设计：推荐方案[M]. 北京：中国农业出版社，2012.

[23] Texas Instruments. Z-Stack user's guide for smart RF05EB and CC2530[M]. California USA：Texas Instruments，2011.

[24] MLX90614 DataSheet[Z]. Melexis Corporation，2007.

[25] Digital Accelerometer ADXL345[Z]. Analog Devices，Inc. 2017.

[26] 黄猛. 县级山洪灾害信息微信服务平台设计[J]. 中国防汛抗旱，2017，27（3）：29-31.

[27] 邹兵，杜松怀，施正香，等. 基于以太网和移动平台的奶牛场环境远程监控系统[J]. 农业机械学报，2016，47（11）：301-306.

第8章
双域分解的复杂环境下奶牛监测图像增强算法研究

近年来，随着智慧畜牧业的不断发展，视频监控和视觉分析技术能够克服接触式传感器监测的弊端，已成为奶牛精准养殖中的一个重要研究热点。通过奶牛监测视频、图像信息的分析学习，可以实现奶牛个体识别、体况评定、跛形检测、呼吸检测、行为识别等。同时，在奶牛养殖中通过视频图像及时、准确地监测奶牛发情行为，可以使奶牛适时受孕、产犊并延长泌乳期，对提高奶牛养殖效益有重要意义。然而由于奶牛生活环境变化较大，存在诸如夜间、雨天、雾天、光线不足等外界不利条件，监测图像易受到自然环境下不同光照、气象等影响，导致视频图像出现照度不足、光照突变、明暗区、高光部分偏多等问题，使其监测图像模糊、整体偏暗、噪声过大、对比度差、光晕现象明显、图像色彩失真等。特别在奶牛发情行为鉴定中，65%的奶牛发情在夜间，计算机视觉虽然能解决夜间人工观察费时费力的问题，但夜晚为了不打扰奶牛的休息，以免引起奶牛的应激，夜间奶牛养殖场光线非常微弱，夜间大多采用红外感应相机进行视频监测，夜晚的照度不足会导致监测采集的图像视频质量较差，难以对视频中的奶牛爬跨行为进行识别。因此，研究一种适用于奶牛养殖场复杂环境条件的奶牛监测图像增强方法，是目前视频监控技术在奶牛养殖业应用中亟待解决的问题。

当前奶牛养殖的自然环境受到天气、光线等的影响较大，能够适用于奶牛养殖复杂光照条件下的图像增强算法研究较少。部分学者对于复杂光照条件下的图像增强进行了研究并取得了一定进展，1997年，Kim首次提出具有亮度保持双直方图均衡（Brightness preserving bi-histogram equalization，BBHE），并被其他学者应用于动植物图像增强处理；文献 [17] 提出了对比度受限的自适应直方图均衡化（Contrast limited adaptive histogram equalization，CLAHE）算法和文献 [18] 提出了基于曝光的子图像直方图均衡（Exposure based sub image histogram equalization，ESIHE）算法，通过直方图钳位技术，克服了过度增强、细节丢失以及亮度均值变化等缺陷。文献［19］所述的直方图均衡化算法，通过先验知识确定其颜色集，进而得到颜色分布直方图，进行差分归一化对大熊猫监测图像进行增强，得到了较好地视觉效果。但是这类直方图均衡和改进的直方图均衡算法无法抑制奶牛养殖环境中的雾霾、遮挡等对光的散射导致图像模糊的影响，以及光照突变、过曝光等导致的图像噪声较大等缺点。文献［20］所述的野生动物光照自适应 Retinex 图像增强方法，通过基于 Otus 阈值的对比度自适应拉伸，克服了图像过度增强和减小光晕现象。文献［21］提出了基于双边滤波的 Retinex 图像增强算法，较好地保留了图像的边缘信息并有效去除了图像噪声。

在夜间图像增强方面，常用的有两种夜间图像增强算法。直方图均衡化（Histogram equalization，HE）方法简单的利用了图像整体的统计性质，通常不能对复杂场景达到理想效果。基于 Retinex 理论的增强方法，通常只能用单通道进行光照优化，颜色无法很好地恢复，在光照复杂的情况下还容易出现过曝光的现象。如文献［23］中所述的一种 Retinex 夜间图像增强算法，采用马尔科夫随机场模型来估计图像照度分量，较好地实现图像细节信息的增强，但是该方法存在伪光晕现象，同时也存在提高图像亮度的，放大了噪声等瑕疵；文献［24］提出的改进型 Retinex 较好的估计出场景照度分量，并在处理夜间、雾天等低照度彩色图像时达到良好的增强效果，但是光照强度较大或者阴暗天气下，图像边缘区域边缘两边的高低值像素会相互影响对方的照度估计值，导致在梯度突变区域出现光晕伪影现象。

针对以上问题，在对奶牛养殖场实地监测采集的图像进行分析的基础上，提出了一种基于双域分解的复杂环境下奶牛图像增强算法。首先对奶牛视频图像采用双域滤波图像去噪（Dual domain image denoising，DDID）算法分解，获得低频图像和高频图像；其次，通过改进的 Garrote 小波阈值函数模型和贝叶斯估计的小波收缩阈值方法，对不同照度下的高频图像进行小波去噪，并利用伽马非线性变换函数对小波去噪后的高频图像进行矫正，实现对高频图像的滤波和增强；接着，采用暗通道先验（Dark channel prior，DCP）算法对低频图像进行去雾，并根据 CLAHE 算法进行低频图像增强，进一步提高其对比度和整体亮度；最后，将去噪、矫正的高频图像和去雾、增强的低频图像进行重构，使增强后的图像质量更好，更符合视觉效果，便于机器视觉的进一步处理。

8.2　图像增强概述

图像增强是图像处理技术的一个重要组成部分，由于图像在成像、传输、变换过程中内外界多种因素的影响和干扰，比如图像获取时外界天气（阴、雨、雾霾等）、传输过程中的电磁干扰等，使得获取的图像与原始图像之间产生退化、模糊等差异，造成图像中所蕴含的主要特征被模糊或者覆盖，从而对后续从图像中获取相关有用信息造成困难和不便，影响了图像的进一步识别、处理等。

因此，图像增强技术通过采用相关的方法、手段等对原始图像进行相应的变换处理，一方面可以改善图像的质量和视觉效果，比如对图像的轮廓、边缘、对比度、亮度、颜色等特征进行调整，丰富图像所蕴含的信息，从而提高图像的视觉效果和图像的清晰度、对比；另一方面使处理后的图像更适合人或者机器进行分析处理的形式，能够满足某些特定应用的要求，进一步提高图像的理解、分析和识别效果。

图像增强作为图像预处理的一种手段，增强的方法有很多。根据所采用的方法，主要分为空间域和变换域。空间域图像增强主要通过线性或者非线性变换，直接在图像平面本身像素灰度值的基础上进行相应的变换处理。空间域增强中根据采用的方法还可以分为点运算和邻域运算，比如常用的灰度变换、灰度级矫正、直方图处理等均是基于点运算的图像增强。而邻域运算主要借助于一定模板对图像进行相应的增强处理，比如常见的图像空域平滑和锐化两种方法。图像平滑可以消除或减少噪声对图像质量的影响，常用的算法有中值滤波和均值滤波等，虽然平滑可以消除图像中的随机噪声，但是由于算法实现的过程与邻域像素相关，特别在图像边缘的高频部分，容易引起图像一定程度的模糊现象，造成图像的轮廓不清晰，线条不明显，使图像的后续特征提取、识别和高层次理解造成困难。而图像锐化恰好和平滑效果相反，锐化主要通过加强图像的高频分量来突出物体的边缘轮廓，减轻图像的模糊程度，使图像更加清晰，便于后续的处理，锐化中常用的算法主要有拉普拉斯算子、梯度法等。

变换域图像增强是将图像变换到其他空间（比如常用的频域中）来进行相应的处理增强。频域处理主要通过傅里叶变换或者小波变换，将图像变换到频域后进行一系列处理，传统的低通滤波、高通滤波、带通滤波等都是频域增强方法。而小波变换具有同时进行时域和频域分析方法，能够对图像实现不同尺度下的去噪。

由以上分析可以看出，不同的增强方法采用的算法不一样，侧重的增强效果也不一样，在实际应用中必须进一步研究并综合试验不同的增强算法，而不是仅仅依靠单纯的一种增强算法就可以达到图像增强的目的。因此，通过研究复杂环境下奶牛活动区视频图像的增强算法，将图像转换成更适合机器处理的形式，便于后续进一步地对图像进行特征提取和识别。

8.3 奶牛监测图像分析

根据奶牛场实地调研可知：奶牛养殖场环境下采集的图像按时间可分为清

晨、上午、中午、下午、傍晚、夜间、阴天、雾天等情况。为了对真实的奶牛养殖场视频图像进行增强处理，本章采用实地监测拍摄的奶牛养殖场图像为图像样本进行分析。试验样本取自陕西省宝鸡市扶风县西北农林科技大学畜牧教学实验基地的奶牛养殖场，通过分析奶牛养殖区的功能划分，奶牛有意义的行为活动主要发生在养殖场的奶牛活动区。采用 CCD 网络摄像机（型号：YW7100HR09-SC62-TA12，生产商：深圳亿维锐创科技有限公司）进行图像样本采集，分辨率为 1920 像素（水平）×1080 像素（垂直）。养殖区单个奶牛活动场地尺寸约 30m×18m，为了保证摄像机视野能够对整个奶牛活动区进行监控，将其安装于高度为 3.3m 的牛棚支撑墙上，保持向下约 15.5° 的倾角，以俯视角度进行拍摄，如图 8-1 所示。图 8-2 所示为奶牛活动区同一位置拍摄到的不同光照、典型气象条件下的部分视频图像。

图 8-1　奶牛活动区网络摄像机安装位置

(a) 清晨薄雾图像

(b) 雨天光线不足图像

(c) 夜晚红外图像

(d) 下午阴影图像

图 8-2　不同光照、典型气象条件下奶牛监测图像

　　由图 8-2 图像分析可知，清晨、傍晚时段的太阳光照变弱，采集的图像表面整体偏暗、光照突变、出现明暗区等；阴天、雾天、霾天时采集的图像表面整体偏暗、模糊、对比度差、色彩污染等；夜间为了减少奶牛的应激不适，夜间牛场光线较弱，摄像机一般在红外模式下监控，采集的图像为红外图像，图像整体模糊；晴朗的下午时段太阳光照较强，采集的图像表面存在强反射光或阴影区等。

8.4 双域分解的图像增强算法 ◀◀◀

　　通过对奶牛场采集的不同光照、不同气象条件的视频图像分析，光照变化后图像的高频部分噪声较大，低频部分主要表现为亮度和对比度变化。因此，提出基于双域分解的图像增强算法，首先采用双域滤波替代传统算法的高斯滤波，获得图像的高频系数和低频系数；然后采用改进的 Garrote 阈值法和伽马变换对高频图像进行滤波调整；同时采用 DCP 算法对低频图像进行去雾，并根据 CLAHE 算法对低频图像进行增强；最后通过处理后的高频图像和低频图像重构来生成增强后的视频图像，以克服不同气象和光照条件对奶牛活动区监测图像质量的影响，提高图像的整体视觉效果。

8.4.1 双域滤波模型

　　双域滤波图像去噪（Dual domain image denoising，DDID）算法是一种非线性的二维信号滤波方法，是结合像素的空域距离邻近度和像素间灰度值相似度的一种图像处理方法。与高斯滤波器相比，DDID 算法使用双域滤波器和短时傅里叶变换对图像进行多尺度降噪。因此，选用双域滤波器对奶牛活动区监测图像进行单尺度分解。双域滤波器中，输出图像的像素值依赖于邻域像素值的加权组合，其定义如式（8-1）所示。

$$f_{\mathrm{L}}(i,j)=\frac{\sum_{k,l}f(k,l)w(i,j,k,l)}{\sum_{k,l}w(i,j,k,l)} \tag{8-1}$$

　　式中，$f(k,l)$ 为原噪声图像 f；$w(i,j,k,l)$ 为权重系数；$f_{\mathrm{L}}(i,j)$ 为输出的低频图像 f_{L}。

　　权重系数 $w(i,j,k,l)$ 取决于空间域核和像素值域核，空间域核定义见式（8-2）。

$$d(i,j,k,l) = \exp\left(-\frac{(i-k)^2 + (j-l)^2}{2\sigma_d^2}\right) \tag{8-2}$$

式中，$d(i,j,k,l)$ 为基于空间距离的高斯权重；(i,j) 为邻域像素点位置坐标；(k,l) 为中心像素点坐标；σ_d^2 为空间域方差。

像素值域核定义为式（8-3）所示。

$$r(i,j,k,l) = \exp\left(-\frac{\|f(i,j) - f(k,l)\|^2}{2\sigma_r^2}\right) \tag{8-3}$$

式中，$r(i,j,k,l)$ 为基于像素间相似程度的高斯权重；σ_r^2 为值域方差。

权重系数 $w(i,j,k,l)$ 为空间域核和像素值域核的乘积，表达式如（8-4）所示。

$$w(i,j,k,l) = \exp\left(-\frac{(i-k)^2 + (j-l)^2}{2\sigma_d^2} - \frac{\|f(i,j) - f(k,l)\|^2}{2\sigma_r^2}\right)$$

$$\tag{8-4}$$

8.4.2　高频降噪与增强模型

针对奶牛活动区视频图像经 DDID 算法滤波处理后，仍含有大量的噪声成分，需要对 DDID 算法滤波后获得的高频图像 f_H 增强之前进行进一步降噪，否则在增强图像细节特征的同时将放大噪声。f_H 由原噪声图像 f 与双域滤波器分解出的低频图像 f_L 差分得到。由于高频图像 f_H 采用传统空域滤波或值域滤波法很难将 f_H 中的噪声去除。因此本章所提算法采用改进的 Garrote 小波阈值函数构建高频去噪模型。

8.4.2.1　小波阈值去噪模型

目前，针对传统小波阈值去噪的硬阈值、软阈值去噪模型存在的缺陷，改进后两类典型的小波阈值去噪（Wavelet threshold denoising，WTD）模型定义如式（8-5）、式（8-6）所示。

（1）Semisoft 去噪模型

$$\mu_T(\omega_{i,j}) = \begin{cases} 0 & |\omega_{i,j}| < T_1 \\ \mathrm{sgn}(\omega_{i,j})\dfrac{T_2(|\omega_{i,j}| - T_1)}{T_2 - T_1} & T_1 < |\omega_{i,j}| < T_2 \\ \omega_{i,j} & |\omega_{i,j}| \geqslant T_2 \end{cases} \tag{8-5}$$

式中　μ_T——小波去噪后的高频系数；

$\omega_{i,j}$——第 i 层小波分解下的第 j 个高频系数；

sgn( )——符号函数；

T_1, T_2——小波阈值函数的两个阈值。

（2）Garrote 去噪模型

$$\mu_T(\omega_{i,j}) = \begin{cases} 0 & |\omega_{i,j}| < T \\ \omega_{i,j} - \dfrac{T^2}{\omega_{i,j}} & |\omega_{i,j}| \geqslant T \end{cases} \tag{8-6}$$

式中　μ_T——小波去噪后的高频系数；

　　　$\omega_{i,j}$——第 i 层小波分解下的第 j 个高频系数；

　　　T——小波阈值。

Semisoft 去噪模型能够较好地兼顾软、硬阈值函数的优点，但该模型需要计算两个阈值，存在计算量大，算法实现困难等缺点。Garrote 去噪模型能够较好地保持图像平滑，且在一定程度上能较好地保留图像的边缘特征信息，缺点是小波阈值 T 无法随着小波分解层数的增加，自适应的实现阈值调整，进而导致增强后的图像出现模糊。

在采集的奶牛活动区监测图像中，针对上述典型的两类去噪模型进行图像增强后出现不同程度的缺点，无法改善夜间、阴暗天气的奶牛视频图像效果。本章引入了一种改进的 Garrote 小波阈值去噪模型，该模型在整个定义域内连续，同时避免了固定偏差的产生，计算比较简便，能够应用于不同噪声环境下的图像去噪，其表达式如式（8-7）所示。

$$\mu_T(\omega_{i,j}) = \begin{cases} \mathrm{sgn}(\omega_{i,j}) \cdot \dfrac{(1-s)}{T} \cdot \omega_{i,j}^2 & |\omega_{i,j}| < T \\ \omega_{i,j} - s\,\dfrac{T^2}{|\omega_{i,j}|} & |\omega_{i,j}| \geqslant T \end{cases} \tag{8-7}$$

式中，s 为自适应权值因子，$s \in (0,1)$。

本模型中，自适应权值因子 s 能够根据小波分解后的噪声系数分布情况自适应调整，大幅度提高了模型的灵活性和实用性，其 s 可由式（8-8）计算得到。

$$s = m/M \tag{8-8}$$

式中，M 为小波高频系数长度；m 为小波高频系数中大于阈值的频数。

8.4.2.2　阈值选取

针对采集的奶牛不同养殖环境下的视频图像，其噪声系数不尽相同，若待处理图像均采用相同的阈值，则阈值过大时，使得低于阈值的有效小波系数置零，造成图像的细节体征模糊；而阈值选取太小时，导致在小波降噪中残留较多的噪声信号，降低高频图像 f_H 小波去噪算法的去噪效果。因此，采用贝叶斯估计的小波收缩阈值方法，自适应调整小波阈值，具体计算过程如下。

① 根据贝叶斯估计理论，DDID 算法滤波后，高频图像 f_H 服从均值位 0，方差为 σ_x^2 的广义高斯分布。

$$\Phi(x, \sigma_x^2) = \frac{1}{\sqrt{2\pi\sigma_x^2}} \exp\left(-\frac{x^2}{2\sigma_x^2}\right) \tag{8-9}$$

② 对于给定的参数 σ_x，则根据贝叶斯风险估计函数 $r(T)$ 寻找最优化的阈值 T。由文献 [32] 中的阈值计算表达式为

$$T_i = \frac{\sigma^2}{\sigma_x} \tag{8-10}$$

式中，σ^2 为高频图像 f_H 的噪声方差；σ_x 为高频图像 f_H 的标准差。

③ 噪声方差 σ^2 采用 Donoho 提出的鲁邦性中值估计，如式（9-11）所示。

$$\sigma = \mathrm{median}(|\omega_{i,j}|)/0.6745 \tag{8-11}$$

式中，$\omega_{i,j}$ 为高频图像 f_H 的坐标 (i,j) 系数值。

④ 采用最大似然估计（ML）方法得到每个含噪观测子带的方差估计，表达式如式（8-12）所示。

$$\sigma_y^2 = \frac{1}{n} \sum_{j=1}^{n} \omega_{i,j}^2 \tag{8-12}$$

式中，n 为高频图像 f_H 中像素总数。

⑤ 由 $\sigma_y^2 = \sigma_x^2 + \sigma^2$ 可得 σ_x 的计算如式（8-13）所示。

$$\sigma_x = \sqrt{\max(\sigma_y^2 - \sigma^2, 0)} \tag{8-13}$$

通过式（8-11）、式（8-12）、式（8-13）能够计算在不同小波尺度下的自适应小波阈值 T，并克服固定小波阈值的缺点。

8.4.2.3　伽马变换

伽马变换本质是通过非线性变换，使图像从曝光强度的线性响应变得更接近人眼感受的响应，将过曝光或过暗的图片进行矫正，提升图像的暗部细节。伽马变换函数表达式为式（8-14）所示。

$$g(x,y) = \left(\frac{f(x,y)-a}{b-a}\right)^{\gamma} \times (b-a) + a \tag{8-14}$$

式中　$f(x,y)$——小波阈值处理后的高频图像 f_{HW}；

　　　　$g(x,y)$——伽马变换后的高频图像 f_{HWG}；

　　　　a——经小波阈值函数降噪后的 f_{HW} 最小灰度值；

　　　　b——经小波阈值函数降噪后的 f_{HW} 最大灰度值；

　　　　γ——矫正参数，其 $\gamma \in (0,1)$。

通过调整参数 γ，可以调整伽马变换函数曲线的位置与形状。因此，利用此变换关系，可以使输入图像的低灰度范围得到扩展，高灰度范围得到压缩，以使图像分布均匀，提高图像的整体对比度。本章算法选择 $\gamma = 0.5$ 作为矫正参数。

8.4.3　低频图像去雾与增强模型

由于自然环境条件下奶牛养殖场环境复杂，导致摄像机采集的视频图像体现出多特征性。针对奶牛雾天或夜间红外图像中目标景物各点温度差别较小，表现为像素点邻域像素灰度值相似度高，导致红外图像模糊，细节不清晰，与可见光

图像受雾气影响图像相似。因此，本文采用基于暗通道先验的去雾模型对低频图像 f_L 进行可见光或红外图像增强，同时针对去雾处理后图像亮度较暗情况，采用对比度受限的自适应直方图算法对处理后低频图像进行增强，进一步提升图像的亮度与对比度。

8.4.3.1 暗通道先验去雾原理

目前，基于暗通道先验（Dark channel prior，DCP）的典型去雾增强算法进行了多种改进优化，在低照度和夜晚红外图像增强方面已经取得了较好的视觉效果。在机器视觉领域中，光在雾天传输的物理模型广泛采用的表达式如式（8-15）所示。

$$I(x) = t(x)J(x) + [1 - t(x)]A \tag{8-15}$$

式中　I——输入（观测到的）有雾图像；

　　　t——目标与摄像机之间的大气透射率；

　　　A——大气环境光；

　　　J——待恢复的无雾图像；

　　　x——图像空间坐标。

可见光或红外图像去雾目标就是由已知的 I 求得未知参数 J、A、t。由于公式（8-15）中已知项个数少于未知项个数，需增加一些假设和先验等约束条件来求解。

暗通道先验是基于大量户外无雾图像观察到的一条统计规律：在绝大多数户外无雾图像的每个局部区域至少存在某个颜色通道的强度值很低。对户外无雾图像 J 进行分块，对每个像素块定义暗通道为

$$J^{dark}(x) = \min_{c \in \{r, g, b\}} \left(\min_{y \in \Omega(x)} (J_c(y)) \right) \tag{8-16}$$

式中　$\Omega(x)$——以 x 为中心的正方形邻域；

　　　J_c——J 三原色的一个通道；

　　　$J^{dark}(x)$——图像 J 在这个邻域的暗通道，观察统计表明 J^{dark} 趋于零。

假设每一个像素块的大气光透射率 $t(x)$ 相同且大气环境光 A 已知。因此，计算图像中每个像素块的大小对透射率进行估计。则根据式（8-15）即可求取每个像素块的最小值为式（8-17）所示。

$$\min_c \left(\min_{y \in \Omega(x)} \left(\frac{I_c(y)}{A_c} \right) \right) = t(x) \min_c \left(\min_{y \in \Omega(x)} \left(\frac{J_c(y)}{A_c} \right) \right) + (1 - t(x)) \tag{8-17}$$

根据暗通道先验无雾图像的暗通道趋于零，故由式（8-17）可得大气透射率 $t(x)$ 预估值，如式（8-18）所示。

$$t(x) = 1 - \min_c \left(\min_{y \in \Omega(x)} \left(\frac{I_c(y)}{A_c} \right) \right) \tag{8-18}$$

由于带雾图像在 x 邻域的暗通道值［公式（8-18）中的第 2 项］能够由图像得到。因此，局部区域的 t 值可以求得，并得到整幅图的透射率 $t(x)$。但当

$t(x)$ 的值很小趋于零时，会导致 J 的值偏大，从而使图像整体趋于白场，因此设置一个透射率下限 t_0（通常设置为 0.1）。

根据估计大气环境光 A 和式（8-18）求得的大气透过率 $t(x)$，最终可得到 J 的求解公式为

$$J(x) = \frac{I(x) - A}{\max(t(x), t_0)} + A \tag{8-19}$$

基于暗通道先验去雾能够克服大气光对奶牛活动区监测成像环境的影响，消除由水蒸气、雾霾等环境光造成的图像模糊。同时，根据文献［40］提供的快速实现算法，降低了算法的时间复杂度，并进一步提高了图像的清晰度和对比度。

8.4.3.2　对比度受限的自适应直方图均衡化算法

基于暗通道先验去雾后的低频图像纹理清晰，边缘突出，细节信息增强明显。由于采用均值估计大气环境光，去雾处理后图像整体偏暗，需进一步进行全局对比度增强，获取更好的视觉效果。因此，本章采用对比度受限的自适应直方图均衡化（CLAHE）算法提高其对比度和亮度，其快速算法实现过程如文献［17］。

8.4.4　算法实现过程

本文提出的基于双域分解的复杂光照下奶牛图像增强算法，其算法具体实现流程如下。

① 将原噪声图像 f 进行 DDID 算法滤波处理，输出低频图像 f_L，原噪声图像 f 与低频图像 f_L 的差分后的图像为高频图像 f_H。

② 通过式（8-8）计算自适应权值因子，并根据贝叶斯理论计算小波阈值 T。

③ 采用改进的 Garrote 小波阈值去噪（WTD）模型对高频图像 f_H 进行小波去噪处理，得到高频图像去噪图像 f_{HW}。

④ 由式（8-14）计算去噪后高频图像 f_{HW} 的对比度矫正后图像 f_{HWG}。

⑤ 通过 DCP 估计大气环境光 A 和大气透过率 t，并利用 DCP 快速算法对 f_L 去雾处理，得到去雾低频图像 f_{LD}。

⑥ 根据 CLAHE 算法对 f_{LD} 进行增强，得到对比度和整体亮度提高的图像 f_{LDC}。

⑦ 将滤波和增强处理后的低频图像和高频图像进行系数重构，得到增强后的图像 f_E。

本章改进的 Garrote 小波阈值函数与 Garrote 阈值函数、Semisoft 阈值函数、软硬阈值函数对比如图 8-3 所示，所提出的基于双域分解的复杂环境下奶牛图像增强算法实现方案如图 8-4 所示。

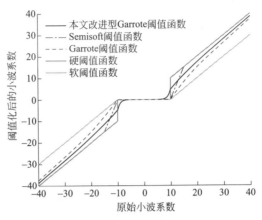

图 8-3　不同小波阈值函数对比

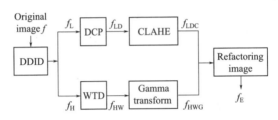

图 8-4　双域分解图像增强算法方案

8.5　试验结果与分析 ◀◀◀

8.5.1　试验测试平台及参数选取

为了验证本章所述一种复杂光照条件下奶牛监测图像增强算法的有效性，通过对直方图均衡算法（Histogram equalization，HE）、Retinex 算法、CLAHE 算法、双边滤波 Retinex 算法、自适应 Retinex 算法，以及本章所述算法进行了对比试验分析，并根据试验结果分别对其进行了主观视觉和客观评价评价与分析。

试验所用计算机配置为：CPU：Inter Core i3-6100CPU，3.70GHz，RAM 4GB；运行环境：MATLAB R2017b 版本。根据奶牛养殖场的实际监测环境，并分析优化对比算法中的控制参数，控制参数设置如下：CLAHE 算法中的子块大小为 8×8，对比度增强的限制参数取 0.02；双边滤波 Retinex 算法的双边滤波器

参数为 $\sigma_r=25$、$\sigma_d=0.2$，滤波器窗口大小为 5×5，尺度为 300；自适应 Retinex 算法的滤波器平滑因子为 $\varepsilon=0.01$，窗口大小为 5×5，拉伸因子 α 为 1.05，尺度为 300。结合上述对比算法的参数设置，为了突出所述算法的优越性，算法中滤波器参数为 $\sigma_r=25$、$\sigma_d=0.2$（同双边滤波 Retinex 算法中的滤波器参数设置一样），低频部分对比度调整子块大小为 8×8，对比度增强的限制参数取 0.02（同 CLAHE 算法中子块参数设置一样）。

8.5.2 试验数据分类

为验证所述算法的去雾性能、噪声抑制性能、增强性能以及算法的鲁棒性能。将奶牛养殖场活动区复杂环境下采集的图像划分为清晨、中午、傍晚、夜间、雾天、雨天等情况，并对其进行试验验证。

8.5.3 主客观评价与分析

为了说明算法的有效性，以及更加直观和客观地对不同算法的增强效果进行评价。采用图像增强效果图和直方图对其进行主观评价，采用增强图像与原始图像之间的标准差（Standard deviation，SD）、峰值信噪比（Peak signal to noise ratio，PSNR）、信息熵（Information entropy，IE）、结构相似性（Structural similarity index measurement，SSIM）4 个客观评价指标分别对增强效果图像的亮度、对比、细节信息、噪声水平、失真程度等图像指标进行衡量。其中 SD 值越大代表图像差异范围也越大，图像的对比度也越大；PSNR 值越大，表示图像增强后的保真程度越好，图像增强效果也越好；IE 值越高，图像中蕴含的信息量越多，表示增强后的图像信息更丰富；SSIM 值越大，表示结构相似度越高，增强效果越好，其最大值为 1。

① 清晨时段采集图像增强处理，其试验效果如图 8-5 所示。

(a) 原始图像

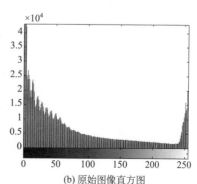

(b) 原始图像直方图

图 8-5

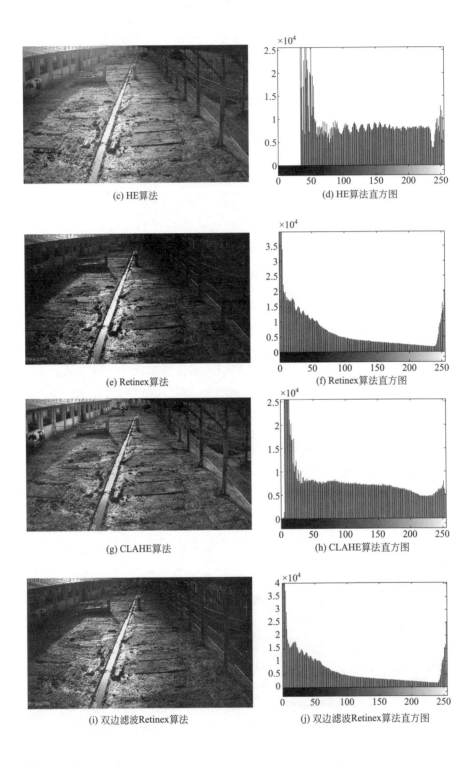

(c) HE算法

(d) HE算法直方图

(e) Retinex算法

(f) Retinex算法直方图

(g) CLAHE算法

(h) CLAHE算法直方图

(i) 双边滤波Retinex算法

(j) 双边滤波Retinex算法直方图

（k）自适应Retinex算法　　　　　　（l）自适应Retinex算法直方图

（m）本文增强算法　　　　　　（n）增强算法直方图

图 8-5　清晨时段不同增强算法对比图

清晨时段，不同增强算法的客观评价参数对比如表 8-1 所示。

表 8-1　清晨时段不同增强算法客观评价参数对比

增强算法	SD	PSNR	IE	SSIM
HE 算法	15.2579	11.0763	7.6123	0.7316
Retinex 算法	5.7816	29.9516	7.1324	0.9914
CLAHE 算法	13.4693	13.6562	7.7395	0.8049
双边滤波 Retinex 算法	5.6598	30.2979	7.1039	0.9921
自适应 Retinex 算法	12.5869	9.5042	7.5000	0.6137
增强算法	13.5623	13.8860	7.7347	0.8134

根据图 8-5 的视觉效果分析可知，清晨时段原始噪声图像中，图像存在对比度低、整体亮度偏暗以及纹理信息模糊等缺点，导致视觉效果较差。在经过上述不同图像增强算法进行处理后，图 8-5（a）中的原始噪声图像整体视觉效果得到不同程度的改善。

由图 8-5 和表 8-1 综合分析可知，图 8-5（c）采用 HE 算法对图像进行直方图均衡化增强，该算法能够增强图像对比度，改善图像整体亮度，并使得图像更加清晰化，但也存在部分图像细节信息丢失，图像失真较严重；图 8-5（e）采用 Retinex 算法和图 8-5（i）采用的双边滤波 Retinex 算法进行图像增强后，对比度有所提高，图像去噪效果明显，图像整体失真较小，但图像整体偏暗，对比度较差，信息熵较小，视觉效果改善不明显；图8-5（g）采用改进的CLAHE算法进行图像增强后，图像整体亮度有所改善，灰度动态范围扩大，但存在图像对比度过高，图像边缘细节信息保持较差等问题；图8-5（k）采用自适应Retinex算法对图像进行增强后，图像灰度动态范围扩大，但是也存在图像的亮度过高，图像边缘细节保持不好，图像失真严重等问题；图8-5（m）采用增强算法对图像进行处理后，该算法能够很好地实现低照度图像增强，提高图像的整体亮度和对比度，并突出了原有的细节特征，使增强后的图像更加符合人眼视觉特征。

② 中午时段采集图像增强处理，其试验效果如图8-6所示。

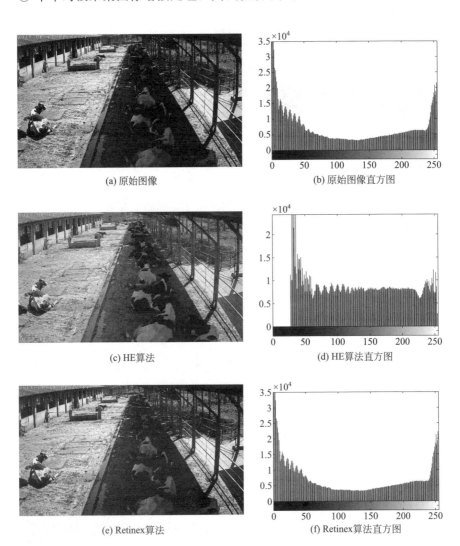

(a) 原始图像

(b) 原始图像直方图

(c) HE算法

(d) HE算法直方图

(e) Retinex算法

(f) Retinex算法直方图

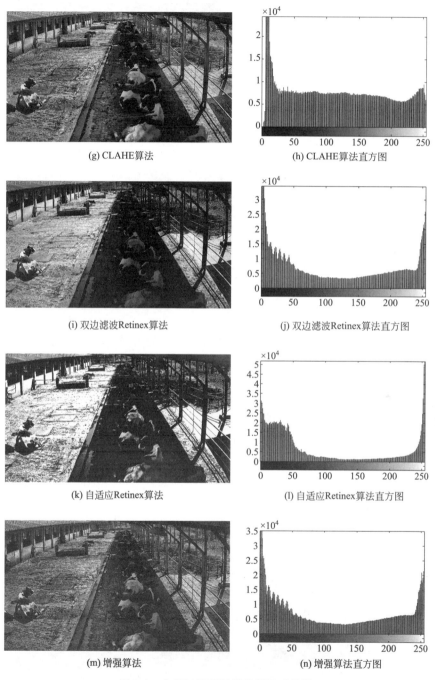

图 8-6　中午时段不同增强算法对比图

中午时段，不同增强算法的客观评价参数对比如表 8-2 所示。

表 8-2   中午时段不同增强算法的客观评价参数对比

增强算法	SD	PSNR	IE	SSIM
HE 算法	13.2921	15.7395	7.7131	0.9400
Retinex 算法	1.2336	46.3071	7.4057	0.9997
CLAHE 算法	11.3808	14.9661	7.8085	0.8789
双边滤波 Retinex 算法	1.3953	44.7941	7.4050	0.9997
自适应 Retinex 算法	11.6638	16.6530	6.5950	0.9714
增强算法	11.5748	15.0040	7.8391	0.8796

根据图 8-6 的视觉效果分析可知，中午时段原始噪声图像中，图像存在光照不均匀和纹理信息模糊等缺点，导致视觉效果较差。在经过上述不同图像增强算法进行处理后，图 8-6（a）中的原始噪声图像整体视觉效果得到不同程度的改善。

由图 8-6 和表 8-2 综合分析可知，图 8-6（c）采用 HE 算法对图像进行直方图均衡化增强，该算法能够改善图像整体亮度，信息熵值较高，但存在图像过增强，导致原图像高亮部分细节信息丢失，图像失真较严重；图 8-6（e）采用 Retinex 算法和图 8-6（i）采用双边滤波 Retinex 算法进行图像增强后，图像去噪效果明显，图像整体失真较小，但图像对比度和亮度改善效果不明显，信息熵较小；图 8-6（g）采用改进的 CLAHE 算法进行图像增强后，图像对比度得到部分提高，信息熵值较大，但图像亮度改善不明显，去噪效果较差，且存在图像边缘信息丢失等问题；图 8-6（k）采用自适应 Retinex 算法对图像进行增强后，图像去噪效果较好，但图像亮度过高，图像边缘细节保持不好，以及存在图像过增强等缺点；图 8-6（m）采用增强算法对图像进行处理后，该算法能够有效改善光照不均匀导致的图像视觉效果较差的问题，提高图像的整体亮度和对比度，无引入新的噪声信号，能够很好地保持图像原有的细节特征信息，且图像整体饱和自然，更加符合人眼视觉特征。

③ 傍晚时段采集图像增强处理，其试验效果如图 8-7 所示。

(a) 原始图像

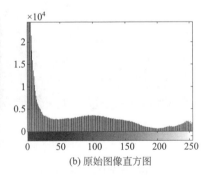

(b) 原始图像直方图

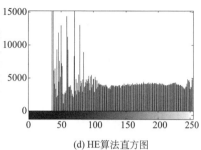

(c) HE算法　　　　　　　　　　　　　(d) HE算法直方图

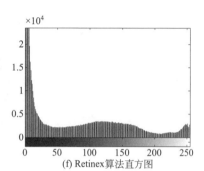

(e) Retinex算法　　　　　　　　　　　(f) Retinex算法直方图

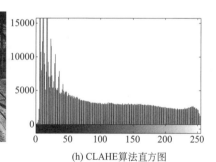

(g) CLAHE算法　　　　　　　　　　　(h) CLAHE算法直方图

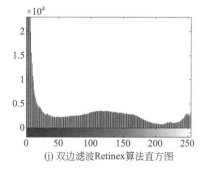

(i) 双边滤波Retinex算法　　　　　　　(j) 双边滤波Retinex算法直方图

图 8-7

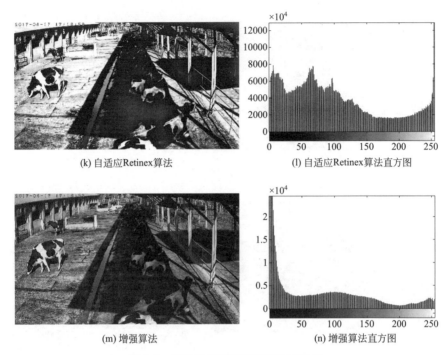

(k) 自适应Retinex算法   (l) 自适应Retinex算法直方图

(m) 增强算法   (n) 增强算法直方图

图 8-7 傍晚时段不同增强算法对比图

傍晚时段，不同增强算法的客观评价参数对比如表 8-3 所示。

表 8-3 傍晚时段不同增强算法的客观评价参数对比

增强算法	SD	PSNR	IE	SSIM
HE 算法	15.6874	10.8852	7.5068	0.7525
Retinex 算法	7.8503	26.6674	6.9521	0.9893
CLAHE 算法	13.4535	16.0335	7.5710	0.8911
双边滤波 Retinex 算法	7.7779	27.1987	6.9344	0.9201
自适应 Retinex 算法	13.9408	12.4687	7.6771	0.7851
增强算法	13.4099	16.5765	7.5684	0.9042

由图 8-7 和表 8-3 对不同算法的增强处理结果进行对比分析可知，上述图像增强算法均能够有效增强光照不均匀图像的对比度，同时提高图像的整体亮度和增强图像细节信息，以及有效去除图像噪声。HE 算法虽然能够很好地增强图像对比度和亮度，但是图像噪声有所放大，颜色失真明显且图像细节信息丢失较为严重；Retinex 算法和双边滤波 Retinex 算法存在图像改善效果不明显，亮度和信息熵较低等缺点；CLAHE 算法进行图像增强后，图像去噪效果明显，但图像对比度和亮度改善效果不明显，视觉效果较差；自适应 Retinex 算法使得增强后的图像变得模糊，细节信息不清晰，颜色有所失真；增强性算法处理后的图 8-7

（m）能够有效提高图像对比度，在增强细节信息的同时去除了图像噪声，使得增强后的图像具有更好的视觉效果。

④ 夜间时段采集图像增强处理，其试验效果如图 8-8 所示。

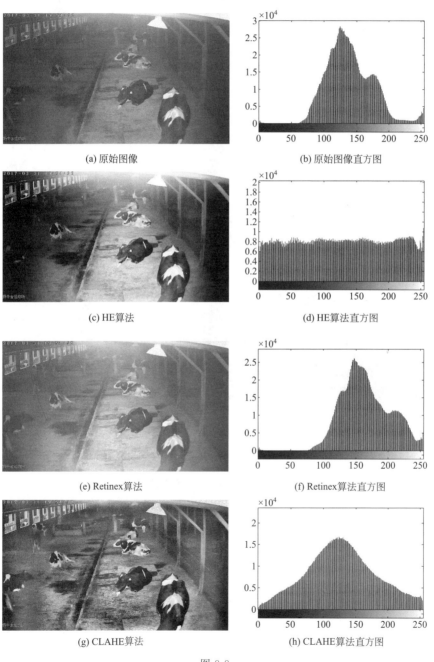

(a) 原始图像　　　　　　　　　　(b) 原始图像直方图

(c) HE算法　　　　　　　　　　(d) HE算法直方图

(e) Retinex算法　　　　　　　　(f) Retinex算法直方图

(g) CLAHE算法　　　　　　　　(h) CLAHE算法直方图

图 8-8

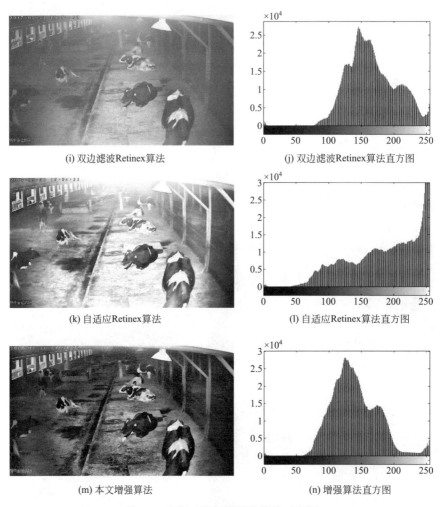

(i) 双边滤波Retinex算法

(j) 双边滤波Retinex算法直方图

(k) 自适应Retinex算法

(l) 自适应Retinex算法直方图

(m) 本文增强算法

(n) 增强算法直方图

图 8-8　夜间时段不同增强算法对比图

夜间时段，不同增强算法的客观评价参数对比如表 8-4 所示。

表 8-4　夜间时段不同增强算法的客观评价参数对比

增强算法	SD	PSNR	IE	SSIM
HE 算法	9.8830	15.6616	7.9823	0.9918
Retinex 算法	15.0486	18.9187	7.1593	0.9521
CLAHE 算法	8.9808	16.0126	7.7379	0.8098
双边滤波 Retinex 算法	15.0489	18.8776	7.1519	0.9503
自适应 Retinex 算法	14.6960	12.6986	7.2427	0.8943
增强算法	6.8698	14.8532	7.7754	0.8469

不同算法对夜晚红外图像增强处理的主观视觉和客观指标评价结果如图 8-8 和表 8-4 所示，通过进行对比分析可知，在采集的原始图像中，夜间红外图像存在图像偏暗、对比度差以及粉尘、雾气噪声信息较多等缺点，导致视觉上图像轮廓边际模糊、特征点较少，导致图像视觉效果较差。不同增强算法均能够有效增强原图像的对比度和信息熵，同时降低图像噪声。采用 HE 算法进行增强后，图像亮度改善不明显，视觉效果不好；Retinex 算法和双边滤波 Retinex 算法能够有效地增强边缘细节，获得了良好的视觉效果；CLAHE 算法提高了图像整体亮度，但是图像细节信息丢失较多，没有很好地去除掉夜间粉尘、雾气等光散射对图像的影响；自适应 Retinex 算法存在过增强，使得图像纹理和边缘等细节信息丢失，图像颜色不够自然。增强算法效果图 8-8（m）很好地去除了夜间粉尘和雾气对于图像质量的影响，提高了图像整体对比度以及细节信息等，能够获得良好的视觉效果。

⑤ 雾天时段采集图像增强处理，其试验效果如图 8-9 所示。

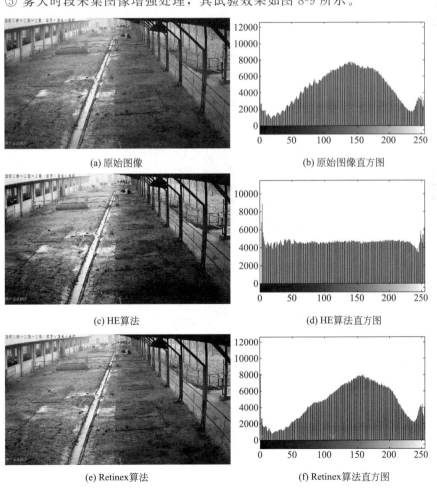

(a) 原始图像

(b) 原始图像直方图

(c) HE算法

(d) HE算法直方图

(e) Retinex算法

(f) Retinex算法直方图

图 8-9

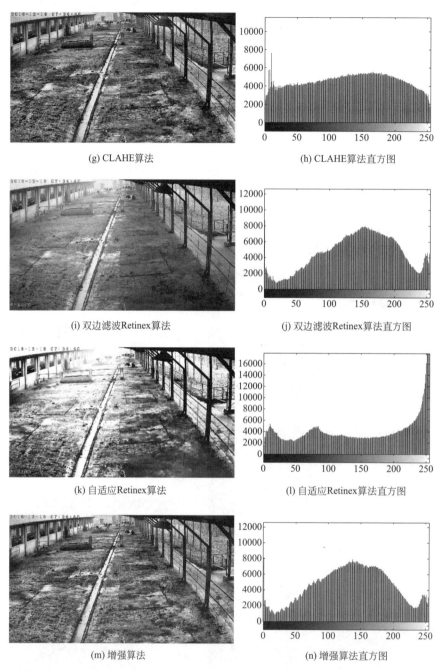

(g) CLAHE算法

(h) CLAHE算法直方图

(i) 双边滤波Retinex算法

(j) 双边滤波Retinex算法直方图

(k) 自适应Retinex算法

(l) 自适应Retinex算法直方图

(m) 增强算法

(n) 增强算法直方图

图 8-9　雾天时段不同增强算法对比图

雾天时段，不同增强算法的客观评价参数对比如表 8-5 所示。

表 8-5　雾天时段不同增强算法的客观评价参数对比

增强算法	SD	PSNR	IE	SSIM
HE 算法	7.7533	22.5920	7.9706	0.9980
Retinex 算法	9.6906	27.6726	7.8048	0.9921
CLAHE 算法	9.1058	14.5088	7.9741	0.8478
双边滤波 Retinex 算法	9.2552	14.6130	7.8040	0.9925
自适应 Retinex 算法	12.9127	15.0940	7.4970	0.9609
增强算法	9.5864	27.8589	7.9728	0.8515

　　根据图 8-9 和表 8-5 对不同算法的增强处理结果进行对比分析，在原始图像中，由于空气中水蒸气和气溶胶等对光线的吸收和散射作用，导致图像存在模糊不清、对比度差、视觉效果差等缺点，不利于对奶牛特征提取和行为识别。采用不同增强算法进行增强处理，均能够有效提高含雾图像的对比度，同时增强图像信噪比和信息熵。采用 HE 算法进行增强后，图像信息熵和信噪比得到一定提高，且失真较小，但增强图像过于均衡化，对比度提高不明显，视觉效果不好；Retinex 算法能够极大的提高图像信噪比，图像失真较小；CLAHE 算法提高了图像整体亮度，但是图像细节信息丢失较多，图像失真严重；双边滤波 Retinex 算法能够减小图像失真，但去雾效果性能一般；自适应 Retinex 算法存在过增强，使得图像纹理和边缘等细节信息丢失，图像颜色失真；增强算法结果图 8-9（m）很好地去除了雾气对于图像质量的影响，提高了图像整体对比度和信噪比等，能够获得良好的视觉效果。

　　⑥ 雨天时段采集图像增强处理，其试验效果如图 8-10 所示。

(a) 原始图像

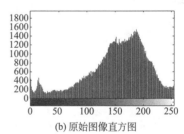

(b) 原始图像直方图

(c) HE算法

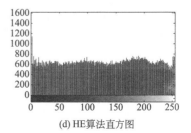

(d) HE算法直方图

图 8-10

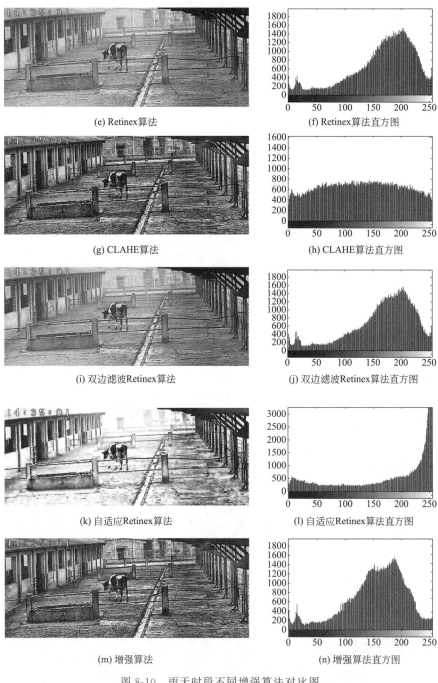

(e) Retinex算法   (f) Retinex算法直方图

(g) CLAHE算法   (h) CLAHE算法直方图

(i) 双边滤波Retinex算法   (j) 双边滤波Retinex算法直方图

(k) 自适应Retinex算法   (l) 自适应Retinex算法直方图

(m) 增强算法   (n) 增强算法直方图

图 8-10　雨天时段不同增强算法对比图

雨天时段，不同增强算法的客观评价参数对比如表 8-6 所示。

表 8-6 雨天时段不同增强算法的客观评价参数对比

增强算法	SD	PSNR	IE	SSIM
HE 算法	5.4997	16.9668	7.9772	09764
Retinex 算法	11.7793	23.5013	7.6123	0.9821
CLAHE 算法	7.5056	14.1732	7.9767	0.8767
双边滤波 Retinex 算法	11.7549	23.5259	7.6090	0.9821
自适应 Retinex 算法	13.8087	14.1884	6.9791	0.9487
增强算法	7.9957	14.6769	7.9542	0.8879

根据图 8-10 和表 8-6 的雨天图像增强结果对比分析可知：HE 算法对雨天图像的增强效果较差，图像视觉效果改善不明显；Retinex 算法和双边滤波 Retinex 算法虽然可以很好地增强图像对比度，图像峰值信噪比较高，但是在图像降噪的同时导致信息熵值较低，图像信息丢失较为严重；CLAHE 算法提高了图像整体视觉效果，且颜色保持较好，但是图像细节信息基本没有变化，且图像存在一定失真；自适应 Retinex 算法能够很好地提高图像的对比度，但图像降噪效果不好，信息熵值较低，且图像视觉效果不好；增强算法能够有效提高图像整体对比度，在增强细节信息的同时较好地去除了图像噪声，且图像失真较小，使得增强后的图像具有更好的视觉效果。

8.5.4 综合测试与分析

为了进一步验证本文所提图像增强算法的鲁棒性，从奶牛场活动区域的摄像机监测视频中随机选取三个月内清晨、上午、中午、下午、傍晚、夜间、阴天、雾天的 8 个光照、气象变化的图像各 50 张，共计 400 张图像样本。将增强算法与已有的 HE 算法、Retinex 算法、CLAHE 算法、双边滤波 Retinex 算法和自适应 Retinex 算法进行试验比对。如图 8-11 所示为 400 张照片中随机选取的 15 幅（图片编号为 Image1～Image15）样本对比测试主观效果。从图中的视觉效果分析可知，在经过上述不同图像增强算法处理后，原始噪声图像整体视觉效果得到不同程度的改善。同时选取 SD、PSNR、IE 和 SSIM 这 4 个指标来对本文算法与其他 5 种增强方法进行客观评价，客观评价参数对比如表 8-7、表 8-8 所示。

表 8-7 图像增强客观质量性能评价（1）

测试图像	SD						PSNR					
	HE	Retinex	CLAHE	双边滤波Retinex	自适应Retinex	增强算法	HE	Retinex	CLAHE	双边滤波Retinex	自适应Retinex	增强算法
Image 1	10.2678	15.3029	9.5256	15.302	14.9900	13.5080	15.8356	17.2714	16.7732	17.2419	12.0202	15.2777

续表

测试图像	SD						PSNR					
	HE	Retinex	CLAHE	双边滤波Retinex	自适应Retinex	增强算法	HE	Retinex	CLAHE	双边滤波Retinex	自适应Retinex	增强算法
Image 2	10. 3689	14. 8303	9. 5262	14. 8324	6. 9701	14. 4080	15. 8396	20. 1243	16. 6660	20. 1234	12. 8181	15. 3066
Image 3	7. 6706	13. 3623	7. 3799	13. 3461	14. 6490	12. 0800	13. 8485	23. 5005	13. 7861	23. 5209	13. 1636	13. 1133
Image 4	15. 6196	7. 1528	13. 9170	12. 8241	13. 8160	14. 1260	8. 5735	26. 5295	12. 9549	26. 6916	7. 9419	13. 1415
Image 5	15. 4329	6. 7523	13. 2920	6. 0256	13. 5350	13. 5080	9. 5814	28. 2798	14. 0156	28. 4556	10. 3050	14. 1668
Image 6	15. 4596	6. 4923	13. 3500	6. 4518	13. 1830	13. 5490	10. 2685	28. 1969	14. 5240	28. 3586	11. 6813	14. 6583
Image 7	15. 2924	4. 2012	11. 6640	4. 1403	13. 3710	11. 7960	10. 0086	32. 9171	16. 6189	33. 1941	11. 0638	16. 8222
Image 8	13. 2801	1. 1820	11. 3700	1. 3471	11. 6030	11. 5570	15. 7192	46. 6564	15. 0495	45. 0376	16. 6993	15. 0773
Image 9	14. 9643	2. 8538	12. 8550	2. 8315	12. 1910	13. 0120	13. 1045	39. 0188	12. 1231	39. 0072	15. 0676	12. 1876
Image 10	13. 8551	6. 5694	12. 2000	6. 5481	12. 4900	12. 2590	16. 8946	31. 4755	13. 0373	31. 5597	16. 3646	13. 1750
Image 11	15. 3789	8. 2942	12. 3310	8. 2889	12. 1380	12. 4010	17. 6714	28. 5161	13. 9330	28. 5918	15. 8534	14. 0730
Image 12	9. 0049	14. 8921	7. 8681	14. 8895	14. 8440	15. 2950	14. 9064	19. 3580	16. 0064	19. 3452	13. 6182	14. 3874
Image 13	8. 8830	14. 8272	7. 6169	14. 8243	15. 2770	15. 7110	14. 4920	19. 6977	15. 9536	19. 6773	12. 2586	14. 0528
Image 14	9. 4806	15. 0828	8. 4143	15. 0807	14. 7790	16. 6650	15. 6156	18. 8978	16. 1974	18. 8795	12. 6199	14. 6863
Image 15	0. 1884	2. 0760	4. 1062	2. 2203	12. 2640	14. 2170	15. 3135	41. 7862	14. 9578	41. 1672	16. 1257	15. 4370

表 8-8　图像增强客观质量性能评价（2）

测试图像	IE						SSIM					
	HE	Retinex	CLAHE	双边滤波Retinex	自适应Retinex	增强算法	HE	Retinex	CLAHE	双边滤波Retinex	自适应Retinex	增强算法
Image 1	7. 9824	7. 2067	7. 6248	7. 2017	7. 3240	7. 6809	0. 9921	0. 9429	0. 7916	0. 9428	0. 8811	0. 8980
Image 2	7. 9830	7. 1505	7. 7055	7. 1436	7. 4650	7. 7479	0. 9916	0. 9648	0. 8232	0. 9646	0. 8832	0. 8920
Image 3	7. 0102	6. 9360	7. 9065	6. 9246	6. 8830	7. 9144	0. 9953	0. 9704	0. 8366	0. 9705	0. 8981	0. 8411
Image 4	7. 4008	6. 7184	7. 5017	7. 4524	7. 7460	7. 5513	0. 5471	0. 9740	0. 7288	0. 9746	0. 4132	0. 8957
Image 5	6. 6344	7. 3670	7. 4738	6. 7617	7. 5570	7. 5353	0. 6507	0. 9807	0. 8120	0. 9710	0. 6137	0. 8178
Image 6	7. 4683	6. 9109	7. 5487	6. 9221	7. 5040	7. 5513	0. 7092	0. 9724	0. 8493	0. 9727	0. 7032	0. 8540
Image 7	6. 9442	6. 4751	7. 1548	6. 4953	7. 4350	7. 222	0. 7063	0. 9774	0. 8779	0. 9677	0. 706	0. 9227
Image 8	7. 7072	7. 3968	7. 8087	7. 3959	6. 5950	7. 8354	0. 9403	0. 9698	0. 8810	0. 9696	0. 9714	0. 8805
Image 9	7. 8250	7. 4790	7. 8993	7. 4715	6. 9860	7. 9209	0. 8189	0. 9788	0. 7741	0. 9789	0. 8989	0. 8760
Image 10	7. 8346	7. 6148	7. 9224	7. 6122	6. 8110	7. 9286	0. 9572	0. 9787	0. 8328	0. 9787	0. 9720	0. 9360
Image 11	7. 8616	7. 6741	7. 9351	7. 6698	6. 9500	7. 9362	0. 9663	0. 9773	0. 8535	0. 9773	0. 9692	0. 8565
Image 12	7. 9823	7. 0011	7. 6439	6. 9955	7. 2620	7. 7044	0. 9946	0. 9515	0. 8044	0. 9510	0. 9145	0. 9207
Image 13	6. 9624	7. 0161	7. 6286	7. 0098	6. 9430	7. 6888	0. 9981	0. 9512	0. 8040	0. 9503	0. 8939	0. 8948
Image 14	7. 9826	7. 1499	7. 7008	7. 1441	7. 2020	7. 7577	0. 9869	0. 9578	0. 8328	0. 9566	0. 9134	0. 8908
Image 15	7. 9589	7. 6758	7. 9667	7. 6621	6. 3480	7. 8920	0. 9548	0. 9794	0. 9026	0. 9693	0. 9609	0. 9100

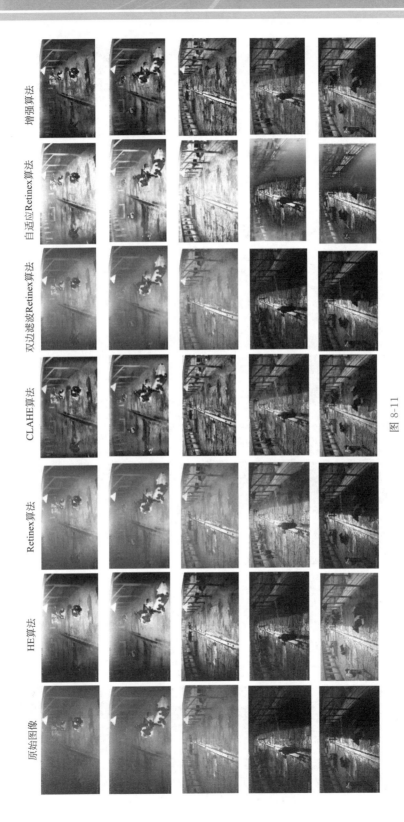

图 8-11

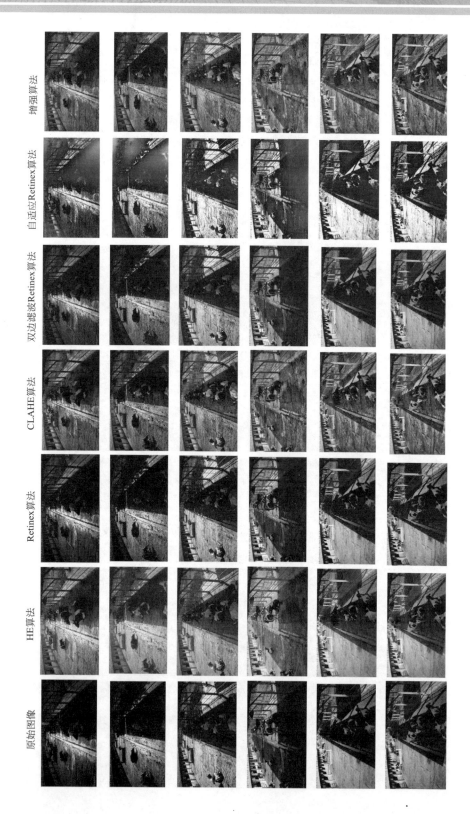

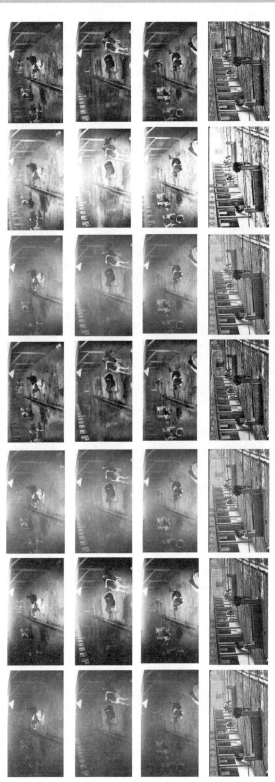

图 8-11　6 种算法图像增强效果对比图

注：6 种算法每种图图片编号 Image1～Image15。

根据 6 种算法对比的客观评价指标可知：增强算法相比于 HE 算法、Retinex 算法、CLAHE 算法、双边滤波 Retinex 算法、自适应 Retinex 算法，SD 值平均提高 1.9295、4.6812、3.2450、4.3425 和 0.5330，PSNR 值平均提高 0.5260、−13.7775、−0.4690、−13.6859 和 1.1975，IE 值平均提高 0.1555、0.5397、0.0297、0.5337 和 0.5905，SSIM 值平均提高 0.0052、−0.0827、0.0588、−0.0806 和 0.0463，通过客观数据比对可知，增强算法增强后图像的 SD 和 IE 均比所比较 5 种算法有所提高，虽然 PSNR 和 SSIM 没能优于 Retinex 算法、CLAHE 算法和双边滤波 Retinex 算法，但增强算法可以对不同光照、气象条件下的奶牛全天候监测图像实现增强。采用 HE 算法对图像进行增强，该算法能够改善红外的图像的整体亮度和对比度，且对雨天和暗光图像的视觉效果改善明显，但对可见光图像的增强效果不佳，存在图像过增强现象，导致图像失真较严重；采用 Retinex 算法和采用双边滤波 Retinex 算法进行图像增强后，图像去噪效果明显，图像整体失真较小，但图像对比度和亮度改善效果不明显，夜间图像的视觉效果改善不明显，且不适用于雨天和雾天图像增强；采用改进的 CLAHE 算法进行图像增强后，图像对比度和整体亮度得到了很大提高，但对于白天光照较强的图像，易导致图像过增强，且存在图像边缘信息丢失等问题；采用自适应 Retinex 算法对红外图像进行增强，其图像改善效果较好，但对于白天光照强度较大的图像，其图像增强后的亮度过高，图像边缘细节保持不好，以及存在图像过增强等缺点；采用增强算法对图像进行处理后，该算法能够有效改善不同时段光照、复杂气象条件下的图像视觉效果较差的问题，提高图像的整体亮度和对比度，无引入新的噪声信号，能够很好地保持图像原有的细节特征信息，且图像更加饱和自然，更加符合人眼的特征。

小结

　　针对天气变化及光照不均等原因导致的奶牛监测图像降质问题，本章提出了一种基于双域分解的复杂光照下奶牛图像增强算法，并分别采用 HE 算法、Retinex 算法、CLAHE 算法、双边滤波 Retinex 算法、自适应 Retinex 算法和本文算法对不同时段光照、复杂气象条件下实地拍摄的奶牛场监测图像样本进行图像增强，并对增强结果并进行主观视觉和客观评价：

　　① 通过引入自适应调节因子的小波去噪模型对高频图像进行滤波处理，以及采用贝叶斯估计方法得到高频图像的小波阈值，能够去除奶牛视频图像中的大部分噪声信号；结合伽马变换能够较好地实现对去噪的高频图像的对比度矫正，改善图像细节特征，减小图像失真程度。

　　② 通过暗通道先验能够对低频图像进行有效去雾，增强图像细节信息，改善图像视觉效果；采用 CLAHE 算法对去雾后整体偏暗的低频图像增强

后，极大地提高图像的对比度和整体亮度；经过重构后的特征图像较原始图像的对比度、信噪比、清晰度、亮度方面都有较好的改善。

③ 增强算法能够适应奶牛养殖场的复杂气象和光照条件，实现对奶牛监测图像的有效去噪，有效增强图像整体和细节信息、改善图像视觉效果等，实现不同时段和复杂气象条件下的奶牛监测图像增强，为基于机器视觉的奶牛行为自动识别奠定良好的基础。

参 考 文 献

[1] 刘杰鑫，姜波，何东健，等. 基于高斯混合模型与CNN的奶牛个体识别方法研究[J]. 计算机应用与软件，2018，35(10)：159-164.

[2] Kim H T，Choi H L，Lee D W，et al. Recognition of individual Holstein cattle by imaging body patterns [J]. Asian Australasian Journal of Animal Sciences，2005，18(8)：1194-1198.

[3] Fischer A，Luginbühl T，Delattre L，et al. Rear shape in 3 dimensions summarized by principal component analysis is a good predictor of body condition score in Holstein dairy cows[J]. Journal of Dairy Science，2015，98(7)：4465-4476.

[4] Spoliansky R，Edan Y，Parmet Y，et al. Development of automatic body condition scoring using a low-cost 3-dimensional Kinect camera[J]. Journal of Dairy Science，2016，99(9)：7714-7725.

[5] 宋怀波，姜波，吴倩，等. 基于头颈部轮廓拟合直线斜率特征的奶牛跛行检测方法[J]. 农业工程学报，2018，34(15)：190-199.

[6] Abdul Jabbar K，Hansen M F，Smith M L，et al. Early and non-intrusive lamenessdetection in dairy cows using 3-dimensional video[J]. Biosystems engineering，2017，153：63-69.

[7] 赵凯旋，何东健，王恩泽. 基于视频分析的奶牛呼吸频率与异常检测[J]. 农业机械报，2014，45(10)：258-263.

[8] Stewart M，Wilson M T，Schaefer A L，et al. The use of infrared thermography and accelerometers for remote monitoring of dairy cow health and welfare[J]. Journal of Animal Sciences，2017，100(5)：3893-3901.

[9] 顾静秋，王志海，高荣华，等. 基于融合图像与运动量的奶牛行为识别方法[J/OL]. 农业机械学报，2017，48(6)：145-151.

[10] Tsai D M，Huang C Y. A motion and image analysis method for automatic detection of estrus and mating behavior in cattle[J]. Computers and Electronics in Agriculture，2014，104：25-31.

[11] 刘忠超，何东健. 基于卷积神经网络的奶牛发情行为识别方法[J]. 农业机械学报，2019，50(7)：186-193.

[12] Gomez A，Salazar A，Vargas F. Towards automatic wild animal monitoring：identification of animal species in camera-trap images using very deep convolutional neural networks[J]. Ecological Informatics，2017，41：24-32.

[13] 姜红. 三种奶牛发情鉴定方法的比较[J]. 中国畜牧杂志，2002(5)：37-38.

[14] Yeong-Taeg Kim. Contrast enhancement using brightness preserving bi-histogram equalization[J]. IEEE Transactions on Consumer Electronics，1997，43(1)：1-8.

[15] 江巨浪，张佑生，薛峰，等. 保持图像亮度的局部直方图均衡法[J]. 电子学报，2006(5)：861-866.

[16] 张军国，冯文钊，胡春鹤，等. 无人机航拍林业虫害图像分割复合梯度分水岭算法[J]. 农业工程学报，2017，33(14)：93-99.

[17] 杨卫中，徐银丽，乔曦，等. 基于对比度受限直方图均衡化的水下海参图像增强方法[J]. 农业工程学报，2016，32(6)：197-203.

[18] Singh K，Kapoor R. Image enhancement using exposure based sub image histogram equalization[J]. Pattern Recognition Letters，2014，36(1)：10-14.

[19] 曾陈颖. 面向珍稀野生动物保护的图像监测与识别技术研究[D]. 北京：北京林业大学，2015.

[20] 张军国，程浙安，胡春鹤，等. 野生动物监测光照自适应 Retinex 图像增强算法[J]. 农业工程学报，2018，34(15)：183-189.

[21] 熊俊涛，邹湘军，王红军，等. 基于 Retinex 图像增强的不同光照条件下的成熟荔枝识别[J]. 农业工程学报，2013，29(12)：170-178.

[22] 江巨浪，胡林生，丁蕾. 亮度保持的夜景图像增强算法[J]. 合肥工业大学学报(自然科学版)，2007(9)：1083-1086.

[23] 赵宏宇，肖创柏，禹晶，等. 马尔科夫随机场模型下的 Retinex 夜间彩色图像增强[J]. 光学精密工程，2014，22(4)：1048-1055.

[24] 姬伟，吕兴琴，赵德安，等. 苹果采摘机器人夜间图像边缘保持的 Retinex 增强算法[J]. 农业工程学报，2016，32(6)：189-196.

[25] Chaudhury K N，Sage D，Unser M. Fast O(1) bilateral filtering using trigonometric range kernels[J]. IEEE Transactions on Image Processing A Publication of the IEEE Signal Processing Society，2011，20(12)：3376.

[26] 艾玲梅，任阳红. 基于双域滤波与引导滤波的快速医学 MR 图像去噪[J]. 光电子·激光，2018，29(7)：787-796.

[27] Anoop V，Bipin P R. Medical image enhancement by a bilateral filter using optimization technique[J]. Journal of Medical Systems，2019，43(8)：240.

[28] Sachin D R，Dharmpal D D. Image denoising with modified wavelets feature restoration [J]. International Journal of Computer Science Issues，2012，9(2)：403-412.

[29] Chen Y，Han C. Adaptive wavelet thresholding for Image denoising[J]. Electronics Letters，2005，41(10)：586-587.

[30] 覃爱娜，戴亮，李飞，等. 基于改进小波阈值函数的语音增强算法研究[J]. 湖南大学学报(自然科学版)，2015，42(4)：136-140.

[31] 胡海平，莫玉龙. 基于贝叶斯估计的小波阈值图像降噪方法[J]. 红外与毫米波学报，2002(1)：74-76.

[32] 王泉德，肖继来，谢晟. BOLD 效应 fMRI 图像的自适应阈值小波去噪方法[J]. 计算机工程与应用，2017，53(8)：170-173，239.

[33] Donoho，D. L. De-noising by soft-thresholding[J]. IEEE Transon Inf Theory，1995，41(3)：613-627.

[34] 李赓飞. 自适应图像实时增强算法的技术研究[D]. 北京：中国科学院大学，2017.

[35] 李毅，张云峰，张强，等. 基于去雾模型的红外图像对比度增强[J]. 中国激光，2015，42(1)：306-314.

[36] X Dong，G Wang，Y Pang，et al. Fast efficient algorithm for enhancement of low lighting video[C]// Multimedia and Expo(ICME)，2011 IEEE International Conference on，2011：1-6.

[37] Zhang X，Shen P，Luo L，et al. Enhancement and noise reduction of very low light level images[C]// 21st International Conference on Pattern Recognition (ICPR)，2012：2034-2037.

[38] Kaiming He，Jian Sun，Xiaoou Tang. Single image haze removal using dark channel prior[C] // Proceedings of IEEE Conference on Computer Vision and Pattern Recognition，Miami，FL，USA：IEEE，2009：1956-1963.

[39] Zhang L，Wang S，Wang X. Saliency-based dark channel prior model for single image haze removal[J]. IET Image Processing，2018，12(6)：1049-1055.

[40] LEMIRE D. Streaming maximum-minimum filter using no more than three comparisons perelement[J].

Nordic Journal of Computing，2006，13(4)：328-339.

[41] Singh D，Kumar V. Single image haze removal using integrated dark and bright channel prior[J]. Modern Physics Letters B，2018，32(4)：1850051.

[42] 高若婉，梅树立，李丽，等. 基于小波精细积分与暗通道的农田图像去雾算法[J]. 农业机械学报，2019，50(S1)：167-174.

第9章
基于卷积神经网络的奶牛发情行为识别研究

本章首先分析了目前奶牛发情监测中常用的方法和手段，针对接触式传感器监测设备安装固定困难、易对奶牛造成应激不适等，在进一步学习卷积神经网络原理和实现方法的基础上，提出了基于机器学习来自动完成奶牛发情行为的识别，改进了传统的机器学习识别模式，提出基于卷积神经网络对奶牛的爬跨发情行为进行识别。完成了网络训练和测试数据集的构建，并对构建的卷积神经网络进行了性能的测试。

9.1 引言

在整个奶业发展产业链条中，奶牛养殖是奶业健康发展的源头，也是我国农民增收的重要途径之一。但奶牛养殖成本较高且技术复杂，奶牛养殖的经济效益主要受奶牛繁殖能力的影响，因此，在奶牛养殖中及时准确地监测奶牛发情可以使奶牛适时受孕、产犊，从而延长奶牛的泌乳期，对提高奶牛养殖效益有重要意义。

奶牛发情时由于生殖激素的调节，使其生理和行为状况与非发情时有明显不同，性行为会发生一系列外部变化，主要表现出奶牛急躁不安，运动量增加，开始爬跨其他母牛或接受其他母牛爬跨，这些发情症状比较明显，易于进行直接观察。目前国内外科研工作者对奶牛发情监测的研究主要围绕着运动量的采集，通过相应的计步器、加速度计等，固定在奶牛的脖颈、四肢等位置来采集监测奶牛的运动量，从而判断奶牛的发情。国内外对奶牛发情系统的研究使发情监测自动化水平明显提高，但还存在着一些问题需要解决。

① 奶牛体表被厚毛发覆盖，体表无毛部位较少，无法牢固固定各类传感采集设备，而已有研究均没有找到特别合适的固定位置。

② 基于运动量的计步器成本较高，其大多采用接触式测量，会产生奶牛应激行为，同时对于活动量不明显的奶牛发情还存在着漏检、错检的问题。

③ 由于奶牛养殖环境比较复杂，发情体征信号的传输容易受到环境噪声污染，影响对奶牛发情行为的准确判断。

近年来，随着人工智能和智慧畜牧业的不断发展，视频动态监控和智能分析技术可以克服接触侵入式传感器的弊端，已经在奶牛的信息获取和行为分析中得到了越来越多的应用，在奶牛发情行为识别中也取得了一些研究成果。Del 等通过在奶牛尾部着色，当奶牛发情有攀爬行为时会改变颜料形状或擦除颜料，利用图像识别算法自动判断颜料形状变化，从而自动监测奶牛发情行为，该方法需要人工预先进行颜色标记，不能满足大规模养殖的需要。Tsai 等采用顶视摄像机对母牛的发情爬跨行为特征进行目标提取和分割，开发了计算机视觉发情监测辅助系统。张子儒构建了基于视频分析的奶牛爬跨行为 SVM 模型，对奶牛的发情爬跨行为进行识别，该方法需要有效地在视频图像中提取奶牛目标区域。顾静秋等通过对奶牛图像中奶牛目标对象的最小包围盒面积计算，捕获奶牛的爬跨行为来实现奶牛发情的识别，该方法需要奶牛爬跨行为不能有明显的变形和遮挡，由于爬跨行为的移动性造成该方法对泌乳牛的发情识别率仅为 85.2%。目前图像监测奶牛发情的研究中，其识别背景为实验环境下的单一背景，大多利用传统方法对奶牛发情行为进行识别，而群居养殖环境下图像背景复杂，奶牛发情行为爬跨特征按照传统方法不易提取，已有研究方法很难具有普适性，鲁棒性也比较差。

近年来随着深度学习的发展，其中卷积神经网络（Convolutional neural networks，CNN）无需改变图像的拓扑结构，可直接将图像作为输入，并能够实现图像特征的自动提取，已成功应用在手写字符识别、农作物识别、个体识别、行为识别等方面，这些方面的研究为 CNN 应用于奶牛发情行为识别提供了参考和可行性依据，同时 CNN 算法能够克服传统图像识别复杂的特征提取，具有良好的抗干扰能力，为复杂环境下奶牛发情行为识别提供了新的方法。

因此，为实现基于机器视觉的非接触、低成本、实时的奶牛发情行为识别，本文在采集大量活动区奶牛视频样本的基础上，利用视频图像序列样本量比较充分这一特点，通过深度学习对活动区复杂背景下奶牛的发情行为进行识别，研究并提出了基于卷积神经网络的奶牛发情行为识别方法，在第四章设计的奶牛行为视频采集方案的基础上，通过分析奶牛发情行为图像特征，设计优化 CNN 网络的结构和参数，以实现奶牛爬跨发情行为识别，提高奶牛发情监测的准确率和鲁棒性。

9.2　供试数据

9.2.1　视频样本获取

通过对奶牛养殖区功能划分的了解以及奶牛行为的分析，可知奶牛有意义的爬跨发情行为主要发生在养殖场的奶牛活动区。本章采用在陕西省宝鸡市扶风县西北农林科技大学畜牧教学实验基地布置摄像机，实地监测拍摄的奶牛养殖场活动区视频为图像样本进行分析。

该奶牛养殖场按照奶牛标准化养殖，在场址布局和栏舍建设等方面严格执行相关标准的规定，主要建设划分了奶牛活动区和采食区，同时有专门的分娩室和挤奶室，功能分布如图9-1所示。

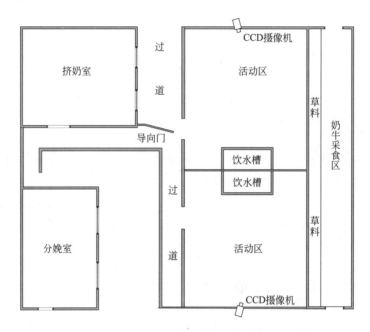

图 9-1 奶牛养殖场功能分布及摄像机安装示意图

为了获取奶牛发情爬跨视频，通过查阅相关资料和咨询牛场养殖人员，可知奶牛发情行为主要发生在活动区，根据养殖场奶牛活动区划分布局，为了对奶牛活动区进行全方位实时监控，在奶牛场的两个活动区分别布置安装 CCD 摄像机。

目前，在反刍动物的生产中主要用可见光相机、深度相机以及热成像相机来获取其图像信息。热成像相机主要通过接收和测量动物的热辐射来获取温度信息分布，比如用来对奶牛进行疾病健康监测等。深度相机主要用在以形状轮廓为采集对象的技术指标，比如对奶牛的体况评分、跛形评分等方面。而为了观察奶牛的日常生活以及行为活动，选择常用的监控功能的可见光相机（孙雨坤等2018）。

网络摄像机又叫 IP CAMERA（简称 IPC），是一种结合传统摄像机与网络技术所产生的新一代摄像机，除了具有普通复合视频信号输出接口 BNC 外，还有网络输出接口，可直接将摄像机接入本地局域网。本文选用深圳市亿维锐创科

技有限公司的 YW7100HR09-SC62-TA12 型网络摄像机，其分辨率为 1920 ×
1080，图像传感器为 200 万像素 CMOS，后端有 RJ45 网络 10/100M 自适应网
口，可以方便地通过网络进行视频的实时查看和存储。

以奶牛养殖场内 50 头泌乳期荷斯坦奶牛为研究对象，通过网络视频服务器
管理软件 NVS CENTER 对奶牛活动区视频进行远程存储，NVS CENTER 网络
摄像机软件是一套完整的网络监控管理软件，可以独立运行，管理所有配置的网
络摄像机、监视图像、控制云台等。通过配置设备 URL（IP）为：172.19.63.5
以及设备端口号（活动区为 3130），可以实现对奶牛活动区的远程视频监控，上
位机客户端远程监控界面如图 9-2 所示。

图 9-2 客户端远程监控界面

通过远程视频监控系统获取了 2017 年 1～6 月间的奶牛监控视频，共采集原
始视频段 25000 段，每段视频持续时长约为 10min，视频为 PAL 制式，并存储
在 PC 监控终端硬盘内，分辨率为 1920 像素（水平）×1080 像素（垂直），视频
帧率为 25fps/s，平均码率为 3200Kbps。

9.2.2 视频处理系统设计

在采用卷积神经网络对图片进行识别训练时，样本数量越多，其训练得到的
识别模型越精确，鲁棒性越好。为了获取构建卷积神经网络的训练和测试样本，
借助于 MATLAB 设计开发了一个交互式、可视化的监控视频处理系统。

MATLAB 是一个功能强大的科学及工程计算软件包，同时还提供了比较丰
富的视频及图像处理工具箱，利用 MATLAB 图像处理工具箱中自带的函数可以
方便地实现绝大多数图像处理。借助于 MATLAB GUI（Graphical user interface）
组件，还能够开发出界面友好、交互方便的图形处理系统。

在 MATLAB GUI（R2017b 版本）的平台上，通过 GUIDE 进行视频处理系统的设计，主要是在新建 GUI 界面上进行控件的放置、控件属性的设置、相应回调函数的编写等，开发的奶牛监控视频处理系统主界面如图 9-3 所示。系统有较好的可视化和交互功能，能够实现奶牛监控视频的读取、视频信息处理、图像序列获取等功能。

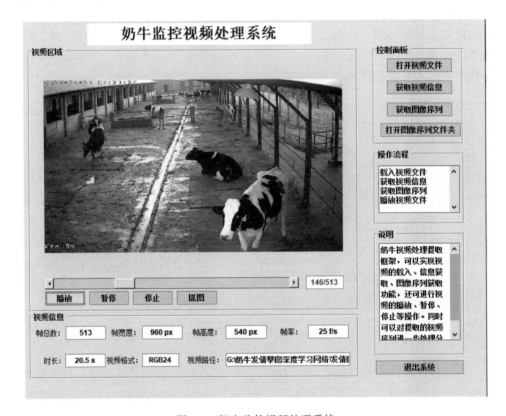

图 9-3　奶牛监控视频处理系统

对奶牛视频中发情爬跨行为智能理解的关键是获取奶牛视频的帧序列图像，因此在奶牛视频监控处理系统中获取视频帧图像是其重要功能之一，通过设计的视频处理系统可以比较方便对奶牛的监控视频进行处理，快速地构建卷积神经网络所需要的样本集。在 MATLAB 中主要通过调用库函数 VideoReader 来读取处理奶牛监控视频，从而提取帧图像序列。图 9-4 所示为奶牛活动区监控视频提取的部分图像序列帧。

9.2.3　样本数据集构建

在采集监测的奶牛活动区视频段中，借助于人工筛选出具有爬跨发情行为特

445 446

449 450

图 9-4 奶牛监控视频分帧图像

征的视频 150 段，通过开发的奶牛图像视频处理系统分帧提取和第四章提出的增强算法处理后，构建含有爬跨发情行为的 20000 幅图像作为网络的正样本。在正样本选取过程中，通过人工选取能够避免样本的单一性，同时可以选取具备发情行为的不同爬跨姿态图像，使训练出的网络鲁棒性更好。在采集的视频段中，选择具有站立、卧躺、饮水等非发情行为样本 10000 幅，试验所用数据集由正样本（20000 幅）和负样本（10000 幅）组成。正样本中选择 15000 幅、负样本中选择 8000 幅用于所构建的卷积神经网络的训练和参数优化验证，并分别从正、负样本中随机选择 80％构建训练集，20％作为验证集。将正样本剩余的 5000 幅和负样本剩余的 2000 幅作为网络模型训练完成后验证效果的测试集，为了验证模型的识别性能，所构建的训练数据和测试数据之间不重叠。如图 9-5 所示为获取的奶牛发情行为部分正、负样本。

9.3 卷积神经网络模型

卷积神经网络是一种基于深度学习理论的人工神经网络，其最大的优点是可以直接将图像数据作为输入，不需要对图像进行手工的特征提取，从而避免了图像预处理和特征提取等这些复杂操作，近年来得到了广泛的关注和研究，已经成为目前图像识别、图像分类、目标监测、语音分析等领域的研究热点。

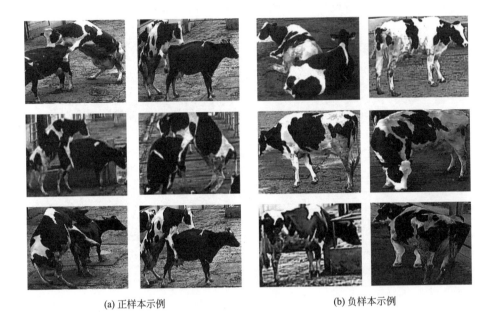

(a) 正样本示例   (b) 负样本示例

图 9-5　试验部分样本库示例

9.3.1　卷积神经网络概述

卷积神经网络起源于人工神经网络（Artifical neural network，ANN），正如人类的大脑由许多神经元组成的巨大网络一样，人工神经网络也是由许多节点组成的网络结构，基本特点就是通过模仿人脑神经元之间信息传递处理的模式来进行信息的加工处理。不同节点的连接方式可以建立多种不同结构的神经网络，目前人工神经网络最常用的一类网络就是采用分层节点连接方式。ANN 经过几十年的发展历史，经历了 M-P 神经元、单层感知机、多层前馈神经网络等阶段的起伏，从最简单的网络架构发展到越来越复杂、功能越来越强大的网络结构。

20 世纪 60 年代，美国生物学家 Hubel 和 Wisesel 研究猫的视觉皮层细胞，发现某些神经细胞只会对特定方向的边缘做出响应，提出了感受野（Receptive field）的概念。日本学者 Fukushima）基于感受野的感念提出了神经认知机（Neocognitron）模型，这是感受野概念首次出现在人工神经网络领域，可以看做是卷积神经网络的第一个实现网络。Lecun 等通过建立 LeNet-5 的卷积神经网络模型，实现了手写数字的识别，并成功应用于美国部分银行支票上数字的识别，向商用化迈进了一步，使卷积神经网络得到了一定程度的关注和重视。但随后卷积神经网络的锋芒逐渐被支持向量机（Support vector machine，SVM）等手工设计的特征分类器所盖过。随着 GPU、大数据、人工智能带来的历史机遇，特别在 2012 年的 ImageNet 图像分类大赛中，Krizhevsky 等提出的 AlexNet 以准确度超过第二名 11％ 的巨大优势胜利之后，卷积神经网络发展迎来了历史性的机遇，越来越受到科研工作者和学者专家的重视，取得了一些突破性的科研成果，不断有新的卷积神经网络模型被相继提出，比如纽约大学的 Zeiler 和 Fergus 提出的 ZFNet 模型、Simonyan 等提出的 VGGNet、Google 公司的 GoogLeNet（Szegedy et al. 2006）以及微软残差网络 ResNet 等。同时，卷积神经网络在物体监测领域也得到了深入的研究，先后提出了 R-CNN（Region based convolutional neural network，RCNN）、改进的 Fast R-CNN（Fast region-based convolutional network）和 Faster R-CNN（Faster region-based convolutional network）等模型。

9.3.2　卷积神经网络结构

卷积神经网络是真正意义上第一个对多层网络进行成功训练的学习算法，也是一个具有多个隐含层的深度神经网络结构，一个卷积神经网络基本结构主要包括 6 个部分，分别是输入层（Input layer）、卷积层（Convolutional layer）、激活层、池化层（Pooling layer）、全连接层（Full connected layer，FC）和输出层（Output layer）。卷积神经网络（CNN）的基本结构如图 9-6 所示，卷积神经网络采用的拓扑结构一般包含若干个卷积层和池化层的叠加，卷积层和池化层一般采用交替设置，不断实现网络的特征提取及降维。特征提取的最后将所有的特征图展开并列组成一个特征向量，送入后面的分类器进行处理输出。

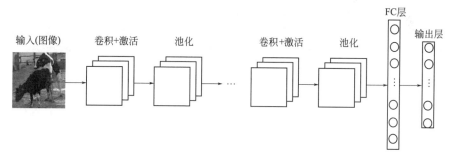

图 9-6　卷积神经网络的基本结构

① 输入层。网络的输入层一般为若干张 $M \times N$ 大小的图像。

② 卷积层。卷积层是卷积神经网络的核心功能单元，主要完成网络的大部分学习任务。通过使用一系列卷积核与多通道输入数据做卷积，卷积核在输入图像上不断地滑动过程中，卷积核与当前滑动窗口内的输入图像像素值相乘后求和即可得到输出图像的像素值，这与图像处理算法中的空间滤波类似，因此卷积可以理解为一种"滤波"过程，可以降低噪声，增强某些特征，卷积层生成称为特征映射图的新图像，为了提取图像不同的特征，卷积层中用到了大小不一的卷

积核。

③ 激活层。激活层一般跟在卷积层之后，由于卷积计算的本质上对数据进行线性变化，因此激活层一般采用一个非线性的映射函数，以实现神经网络的非线性建模处理能力。通过激活函数对卷积层输出的"再加工"，提升整个网络的表达能力。目前网络中采用的激活函数主流是修正线性单元激活函数（Rectified linear units，Relu），除此之外还有 Tanh 函数以及 Sigmoid 函数等，这几种常用激活函数的特性对比如表 9-1 所示。

表 9-1　常用激活函数特性对比

激活函数	表达式	输出范围	优点	缺点
Relu 函数	$f(x) = \max(0, x)$	$[0, +\infty)$	（1）计算复杂度较低，计算和求导速度较快；（2）梯度不容易饱和；（3）具有单侧抑制性	容易出现参数为负、梯度为 0 的情况而出现神经元坏死现象，导致神经元无法再激活
Tanh 函数	$f(x) = \dfrac{e^x - e^{-x}}{e^x + e^{-x}}$	$[-1, 1]$	神经元输出为 0 的均值，易于模型的训练	（1）容易饱和，造成后向传播时梯度消失；（2）幂运算计算复杂
Sigmoid 函数	$f(x) = \dfrac{1}{1 + e^{-x}}$	$[0, 1]$	（1）函数平滑便于求导；（2）可直接用在输出层；（3）适用于前向传播	（1）神经元输出非 0 均值，不利于模型训练；（2）容易饱和，造成后向传播时梯度消失；（3）幂运算使得计算复杂

④ 池化层。池化层一般也称为下采样层，是一种降采样操作。主要作用是去掉卷积后得到的特征映射中的次要部分，减少网络的神经元数量参数，降低了网络模型的复杂度和计算量，同时能够实现网络的平移、尺度不变性以及一定的旋转不变性，提高模型的泛化能力。池化的本质是对获得的局部特征的再次进行抽象表达，起到二次进行特征提取的作用。常常采用的方式有平均池化（Mean pooling）和最大池化（Max pooling）。平均池化是对局部接受域中的所有值求平均值，最大池化是对局部接受域中的所有值取最大值。如图 9-7 给出了 2×2 大小的池化窗口以步长为 2 的单位距离在输入数据上滑动，分别采用平均池化和最大池化的计算结果。

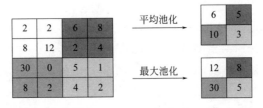

图 9-7　池化运算示意图

⑤ 全连接层。全连接层是对输入数据直接进行线性变换的线性计算层，是神经网络中最常用的一种层。一般在卷积神经网络结构的最后一层或者几层都采用全连接层，全连接层中的每一个神经元通过全连接，与前一层的所有神经元进行连接以整合特征。全连接层在靠近网络的输出层，其输出值可以传递给最后输出层。

⑥ 输出层。输出层主要映射出卷积神经网络模型对输入数据的处理结果，比如采用 Softmax 函数作为输出层的激活函数进行多分类。

9.3.3　卷积神经网络优点

① 卷积神经网络直接以图像而不是提取的特征进行网络的输入，训练中网络能够自动地从原始数据中学习有用的特征信息，避免了人工特征抽取。

② 卷积神经网络采用局部感受野、权值共享和空间采样技术（Lecun et al. 2015），使其网络的训练参数比传统的神经网络大大减少，简化了神经网络的结构并提高了可训练性。

③ 卷积神经网络通过大量的卷积核可以提取原始图像的多种特征，丰富的卷积核可以抵抗数据的偏移、缩放、形变等。因此卷积神经网络对复杂形状特别是位移、缩放及其他形式扭曲不变形的二维图像能有效提取图像特征。

④ 卷积神经网络的多层结构具有较强的可拓展性，目前 CNN 的发展趋势是没有最深，只有更深，深度的 CNN 模型使得具有更强大的分析、学习、表达和处理复杂问题的能力。

9.4　奶牛发情识别 CNN 模型构建 ◀◀◀

卷积神经网络是基于深度学习理论的一种人工神经网络，主要由输入层、多层卷积、池化层以及输出层组成。由于奶牛发情行为的识别亦是对某一未知的奶牛行为图像进行识别和匹配，并且奶牛行为在视频图像中的位置也是不确定的，以及奶牛不同行为存在不同程度的扭曲变形，与经典 LeNet-5 手写字符在图像中的位置不确定和扭曲变形相一致，因此在参考 LeNet-5 网络框架的基础上，通过分析奶牛行为视频帧图像的特点，构建适合于奶牛发情行为识别的卷积神经网络，网络中核心层的选择描述如下。

① 输入层。由于荷斯坦奶牛的颜色花纹是其身份识别的重要特征之一，同时考虑到奶牛行为视频帧的成像通道数，将所筛选的正、负样本图像通过插值计算变化为 $32 \times 32 \times 3$ 的矩阵，并将正、负样本分别标记为"1"和"0"，用来作为卷积网络训练的输入数据。

② 卷积层。考虑到奶牛是大型活体动物，在活动区场地不是单一静止不动的，特别发生发情行为时其爬跨是持续的运动过程，因此图像可能存在较强的平移、扭转、变形等因素，同时发情行为的爬跨会有 2 个奶牛同时出现，图像信息比较丰富，为了能将行为特征较好地提取出来，卷积层卷积核个数应相对较多，考虑到网络的训练速度，通过验证比对不同模型的准确率及训练耗时，网络结构采用 3 个卷积层 C1、C3、C5，相比于大小为 3×3、7×7 的卷积核，网络采用尺寸大小为 5×5 的卷积核能够提取出更加丰富的图像特征信息且能有效地降低数据的维数，因此本文构建的网络中卷积核尺寸均为 5×5，3 个卷积层 C1、C3、C5 卷积核的个数分别为 20 个、50 个和 200 个，并且为了适应对输入彩色图像的识别，首个卷积层必须采用 3 维卷积核。

③ BN 层。为了解决模型收敛时间长、参数内存需求较大的问题，网络引入批量规范化（Batch normalization，BN）加速网络收敛，防止过拟合。BN 可以被直接当作一个网络层放到网络结构中，在卷积层的 C1、C3 后分别添加 BN 层，通过规范化手段将输出按照同一批次的特征数值规范化至标准正态分布，大大加快网络训练速度。实现批规范化的算法过程如下。

首先计算每个批次样本的均值和方差，如式（9-1）、式（9-2）所示。

$$\mu = \frac{1}{n} \sum_{i=1}^{n} x_i \tag{9-1}$$

$$\sigma = \frac{1}{n} \sum_{i=1}^{n} (x_i - \mu)^2 \tag{9-2}$$

式中，x_i 为输入值；n 为批量化数量；μ 为批次样本的均值；σ 为批次样本的方差。

其次，将数据归一化，如式（9-3）所示。

$$\hat{x}_i = \frac{x_i - \mu}{\sqrt{\sigma^2 + \varepsilon}} \tag{9-3}$$

式中，$\hat{x}_i$ 为均值等于 0、方差等于 1 的标准正态分布；ε 为抑制方差 σ 等于 0 时分式不成立设置的常量，保证数值的稳定性。

为了在归一化后不破坏特征数据的分布，需要通过重构变换来恢复原始的特征分布，如式（9-4）所示。

$$y_i = \gamma \hat{x}_i + \beta \tag{9-4}$$

式中，y_i 为网络输出；γ、β 为 BN 的参数。

④ 池化层。由于卷积层得到的特征图数量较大，为了减少网络计算的复杂度，采用 Maxpooling 作为下采样方法，池化层滤波器核大小均为 2×2，如式（9-5）所示。

$$x_i^l = \beta_i \cdot \text{maxpooling}(x_i^{l-1}) + b_i^l \tag{9-5}$$

式中，l 为层数；x_i^{l-1} 为 $l-1$ 层第 i 个特征图；x_i^l 为经过池化后的特征图；β_i

为卷积层的权值系数；b_i^l 为偏置；maxpooling（）为最大下采样函数。

⑤ 激活函数。本网络的激活函数采用 Relu 函数，能使梯度在反向传播时较好地传到前面的网络层，防止出现梯度弥散现象。同时 Relu 能使一部分神经元的输出为 0，使得网络具有稀疏性，防止过拟合的发生。Relu 激活函数的定义如式（9-6）所示。

$$\text{Relu}(x) = \begin{cases} x & \text{if} \quad x > 0 \\ 0 & \text{if} \quad x \leqslant 0 \end{cases} \tag{9-6}$$

⑥ 输出层。通过全连接和 Softmax 层对经过网络逐层提取的特征进行计算，Softmax 分类函数计算所属奶牛行为类别的概率，从而得到奶牛发情行为的识别结果。每一个维度的输出概率计算如式（9-7）所示。

$$\text{Softmax}(x)_i = \frac{\exp(x_i)}{\sum_i \exp(x_i)} \tag{9-7}$$

根据对卷积神经网络核心层分析，选用损失函数 Sofmax loss 对网络性能进行分析。本研究最终确定的卷积神经网络结构可表示为 32×32—20c—2s—50c—2s—200c—2，结构如图 9-8 所示。

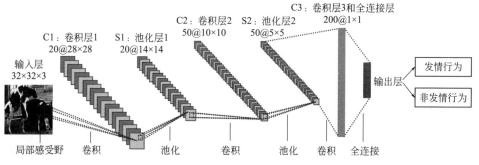

图 9-8　奶牛发情行为识别网络结构示意图

9.5　奶牛发情行为识别结果及分析

9.5.1　试验测试平台

本文试验所用台式计算机配置为：CPU 为 Inter（R）Core（TM）i3-6100，主频为 3.7GHz，4GB 内存，2TB 硬盘，运行环境为 64 位 Windows10，MATLAB R2017b，Microsoft Visual Studio Professional 2015。

9.5.2　网络模型试验设计

使用 MATLAB 的 MatConvnet 深度学习工具箱来搭建 32×32—20c—2s—50c—2s—200c—2 的卷积神经网络，CNN 网络中每层参数如表 9-2 所示。

表 9-2　CNN 网络中每一层参数

层	图像块尺寸	特征图数量	滤波器尺寸
Input	32×32	3	
Conv 1	28×28	20	5×5
BN	28×28	20	—
Pooling 1	14×14	20	2×2
Conv 2	10×10	50	5×5
BN	10×10	50	—
Pooling 2	5×5	50	2×2
Conv 3	1×1	200	5×5
FC	1×1	200	—
Softmax	1×1	2	—

由于网络是针对奶牛发情爬跨行为识别，因此设置的训练集有 2 个类别，分别是爬跨发情行为和非发情行为。网络第 1 层为输入层，直接输入样本中彩色图像经预处理后获得的 32×32×3 图像。

为了保证网络尽快地收敛，避免陷入局部最优，采用 Xavier 方法对网络权重进行初始化。Xavier 方法也称为规范化初始化方法，其是和神经网络结构有关的均匀分布的随机数（Glorot et al. 2010），如式（9-8）所示。

$$W \sim U(-\frac{\sqrt{6}}{\sqrt{n_i + n_{i+1}}}, \frac{\sqrt{6}}{\sqrt{n_i + n_{i+1}}}) \tag{9-8}$$

式中，$U(-\alpha, \alpha)$ 为在 $-\alpha$，α 上的均匀分布；n_i 为第 i 层的网络参数个数；W 为网络权重。

网络的训练参数设置为：每批处理的图像数量（BatchSize）为 200，样本迭代次数（NumEpoch）均设置为 30，初始学习速率（LearningRate）设置为 0.005，动量因子设置为 0.9。采用随机梯度下降优化算法（Stochastic gradient descen，SGD）对上述构建的训练集进行 30 次的迭代训练，其变化曲线如图 9-9 所示。

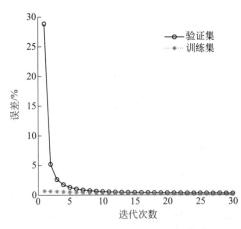

图 9-9　网络训练和验证误差曲线

由图 9-7 可知，随着迭代次数的不断增加，训练和验证集的分类误差逐渐降低，当网络训练迭代到第 25 次时，训练损失基本收敛到稳定值，网络对训练集和验证集的误识别率都降低至 0，并且从第 7 次迭代之后训练集和验证集两者的误差差值相差不大，验证所设计的网络模型状况良好，达到了较好的训练效果。

9.5.3　特征图分析

根据图 9-6 所设计的网络结构，在网络训练完成后，使用测试集对网络模型进行测试来识别奶牛发情行为。图 9-10 为输入的测试图像经过第 1 卷积层、池化层之后各层所对应的特征图输出，各矩阵数据分布于 0～1 之间，其中数值 0 显示为黑色，数字 1 显示为白色。

  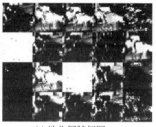

(a) 输入图　　　　　　(b) 卷积层特征图　　　　　　(c) 池化层特征图

图 9-10　卷积神经网络第 1 卷积层和池化层处理结果示例

通过比较输入图像和卷积层特征图可知，经过第 1 卷积后的特征图细节比较清晰，和输入图片较为相似，提取了输入图像的边缘，表明卷积操作能够有效地提取奶牛行为特征，通过卷积还可以平滑图像，对奶牛场复杂背景的干扰能够有效地消除，增强了图像特征的提取。同时对比卷积特征图和池化特征图可以看出，采用最大池化操作前的图像明显比最大池化操作后的图像清晰，说明池化层在保留图像主要特征信息的同时显著地减少数据的处理量，降低了输出特征图的维数，减低了网络的复杂度，使提取的图像特征具有位移不变性，提高了网络的抗畸变能力。

9.5.4　识别结果分析

由于视频监控拍摄环境是在奶牛群居散养下的活动区，其发情行为的爬跨特征并非完全无遮挡的独立行为，为了验证模型的可靠性和稳定性，对 7000 幅正、负测试集的奶牛行为进行分类识别。按照奶牛发情行为爬跨图像的完整程度，将测试样本中奶牛发情行为 5000 幅图像分成 2 种类型：第 1 类是指除了发情爬跨的两只奶牛外没有其他奶牛或环境的遮挡，称为无遮挡发情行为；第 2 类是指发情行为图像中存在其他奶牛或环境遮挡部分发情行为，造成对发情行为的干扰，称为遮挡发情行为。奶牛发情行为测试集图像分类标准如图 9-11 所示。

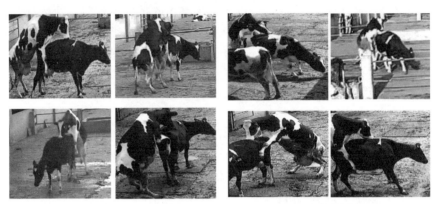

(a) 无遮挡发情行为   (b) 遮挡发情行为

图 9-11 发情行为图像类别

根据图 9-11 的分类将爬跨发情行为的 5000 幅测试样本集分成无遮挡发情行为 2183 幅和遮挡发情行为 2817 幅分别进行测试，并对非发情行为的 2000 幅图像进行网络性能测试，表 9-3 给出了网络的识别分析结果。T_P 和 F_N 分别表示奶牛爬跨发情行为测试样本中判断正确和错误的百分比，F_P 和 T_N 表示非发情行为测试样本中判断错误与正确的百分比。

表 9-3 奶牛行为识别分析结果

卷积神经网络结构	测试类别	样本数量	识别正确数量	T_P/%	F_N/%	F_P/%	T_N/%
	无遮挡发情行为	2183	2114	96.83	3.17		
32×32-20c-2s-50c-2s-200c-2	遮挡发情行为	2817	2596	92.15	7.85		
	非发情行为	2000	1916			4.20	95.80

采用准确率（Positive predictive rate，PPR）、漏检率（False negative rate，FNR）对奶牛发情行为识别结果进行评价，如式（9-9）、式（9-10）所示。

$$V_{PPR} = \frac{T_P}{T_P + F_P} \times 100\% \tag{9-9}$$

$$V_{FNR} = \frac{F_N}{T_P + F_N} \times 100\% \tag{9-10}$$

式中，V_{PPR} 为发情识别准确率；V_{FNR} 为发情识别漏检率；T_P 为发情测试集识别到发情百分比；F_P 为非发情测试集识别到发情百分比；F_N 为发情测试集未识别到发情百分比。

由表 9-3 可知，在测试集 7000 幅中共有爬跨发情行为 5000 幅，识别到爬跨发情行为 4794 幅，其中 4710 幅为真发情行为，84 幅正常行为被误识别为发情行为。对奶牛发情爬跨行为识别的 T_P 为 94.20%，对奶牛发情行为识别的准确率为 98.25％，漏检率为 5.80％，误识别率为 1.75％，系统的假阳性率比较低。如图 9-11（b）所示的存在部分遮挡的发情行为也能被很好地识别出来，表明网络对奶牛发情行为的识别监测是可靠的，同时对奶牛行为的多样性、形变性具有较好的鲁棒性和较强的泛化能力。遮挡发情行为识别 T_P 稍低的原因是发情行为部分遮挡严重，造成发情行为爬跨特征的变化，易被误识别为非发情行为。通过对存在部分遮挡的奶牛发情行为测试可知：由于奶牛发情时爬跨奶牛的头部在被爬跨奶牛的背脊处上扬，当爬跨行为被遮挡不超过爬跨区域的 40％、图像中主要包含爬跨行为两只奶牛的头部信息时，奶牛发情行为还能较好地被网络所识别。经过对 7000 幅奶牛行为图像测试可知其单帧图像识别平均耗时为 0.257s，能够满足奶牛养殖场对奶牛发情行为实时监测要求。

通过以上网络测试结果分析可知，本章提出的算法对奶牛发情行为的识别率显著提升，比张子儒采用 SVM 传统的机器学习识别率（90.9％）提高了 7.35 个百分点；比顾静秋等基于爬跨行为图像最小包围盒面积计算的奶牛发情行为识别率（85.2％）提高了 13.05 个百分点。对于存在部分遮挡的奶牛发情行为识别，目前已有的研究文献均没有给出相关试验结果，而该网络对其测试的 T_P 达到 92.15％，表明卷积神经网络在奶牛发情行为识别中具有较好的抗干扰能力，对活动区奶牛行为的多样性、移动性、形变性以及外界的遮挡、光线变化、亮度不匀、背景复杂均具有良好的鲁棒性。

小结

① 根据奶牛发情行为的爬跨特征，提出了一种基于卷积神经网络的奶牛发情行为识别方法。试验结果表明，卷积神经网络模型可以从奶牛场复杂的背景中有效学习到奶牛行为的相关特征，弥补了传统机器视觉处理方法中奶牛行为特征不易选取的不足。

② 构建的 32×32—20c—2s—50c—2s—200c—2 结构卷积神经网络，经过训练后对奶牛发情行为识别准确率为 98.25％，漏检率为 5.80％，误识别率为 1.75％，平均单帧图像识别时间为 0.257s。且对部分遮挡奶牛发情行为的识别准确率达到 92.15％，具有良好的鲁棒性。

参 考 文 献

[1] 魏艳骄, 朱晶. 乳业发展的国际经验分析:基于供给主体视角[J]. 中国农村经济, 2019(2)：115-130.

[2] 王玉庭. 浅谈发展本土奶源的重要性[J]. 中国乳业, 2017(3)：6-8.

[3] 田富洋, 王冉冉, 宋占华, 等. 奶牛发情行为的检测研究[J]. 农机化研究, 2011, 33(12)：223-227, 232.

[4] 何东健, 刘冬, 赵凯旋. 精准畜牧业中动物信息智能感知与行为检测研究进展[J/OL]. 农业机械学报,

2016，47(5)：231-244.

[5] 宗哲英，王帅，苏力德，等. 奶牛发情行为的监测研究现状及进展[J]. 畜牧与兽医，2018，50(2)：147-150.

[6] 曹学浩，黄善琦，马树刚，等. 活动量监测技术的研究及其在奶牛繁殖管理中的应用[J]. 中国奶牛，2013(8)：37-40.

[7] Arney D R，Kitwood S E，Phillips C J C. The increase in activity during oestrus in dairy cows[J]. Applied Animal Behaviour Science，1994，40(3-4)：211-218.

[8] Sakaguchi M，Fujiki R，Yabuuchi K，et al. Reliability of estrous detection in holstein heifers using a radiotelemetric pedometer located on the neck or legs under different rearing conditions[J]. Journal of Reproduction & Development，2007，53(4)：819-828.

[9] 郑伟，年景华，李军. 奶牛计步器的应用效果分析[J]. 中国奶牛，2014(22)：32-34.

[10] Talukder S，Kerrisk K L，Ingenhoff L，et al. Infrared technology for estrus detection and as a predictor of time of ovulation in dairy cows in a pasture-based system[J]. Theriogenology，2014，81(7)：925-935.

[11] Suthar V S，Burfeind O，Patel J S，et al. Body temperature around induced estrus in dairy cows[J]. Journal of Dairy Science，2011，94(5)：2368-2373.

[12] Yajuvendra S，Lathwal S S，Rajput N，et al. Effective and accurate discrimination of individual dairy cattle through acoustic sensing[J]. Applied Animal Behaviour Science，2013，146(1-4)：11-18.

[13] Chung Y，Lee J，Oh S，et al. Automatic detection of cow's oestrus in audio surveillance system[J]. Asian-australasian Journal of Animal Sciences，2013，26(7)：1030-1037.

[14] Fresno M D，Macchi A，Marti Z，et al. Application of color image segmentation to estrusc detection [J]. Journal of Visualization，2006，9(2)：171-178.

[15] Tsai D M，Huang C Y. A motion and image analysis method for automatic detection of estrus and mating behavior in cattle[J]. Computers and Electronics in Agriculture，2014，104：25-31.

[16] 张子儒. 基于视频分析的奶牛发情信息检测方法研究[D]. 杨凌：西北农林科技大学，2018.

[17] 顾静秋，王志海，高荣华，等. 基于融合图像与运动量的奶牛行为识别方法[J/OL]. 农业机械学报，2017，48(6)：145-151.

[18] Zeiler M D，Fergus R. Visualizing and understanding convolutional networks[C]//European Conference on Computer Vision. Springer，Cham，2014：818-833.

[19] Krizhevsky A，Sutskever I，Hinton G E. ImageNet classification with deep convolutional neural networks[C]//International Conference on Neural Information Processing Systems. Curran Associates Inc，2012：1097-1105.

[20] Lecun Y，Bottou L，Bengio Y，et al. Gradient-based learning applied to document recognition[J]. Proceedings of the IEEE，1998，86(11)：2278-2324.

[21] Yang W，Jin L，Tao D，et al. Drop sample：a new training method to enhance deep convolutional neural networks for large-scale unconstrained handwritten Chinese character recognition [J]. Pattern Recognition，2016，58(4)：190-203.

[22] 孙俊，谭文军，毛罕平，等. 基于改进卷积神经网络的多种植物叶片病害识别[J]. 农业工程学报，2017，33(19)：209-215.

[23] 傅隆生，冯亚利，ELKAMIL T，等. 基于卷积神经网络的田间多簇猕猴桃图像识别方法[J]. 农业工程学报，2018，34(2)：205-211.

[24] Ronao C A，Cho S B. Human activity recognition with smartphone sensors using deep learning neural networks[J]. Expert Systems with Applications，2016，59：235-244.

[25] 李伟山，卫晨，王琳. 改进的 Faster RCNN 煤矿井下行人检测算法[J]. 计算机工程与应用，2019，55

（4）：200-207.

［26］杨秋妹，肖德琴，张根兴. 猪只饮水行为机器视觉自动识别［J/OL］. 农业机械学报，2018，49（6）：232-238.

［27］马钰锡，谭励，董旭，等. 面向智能监控的行为识别［J］. 中国图像图形学报，2019，24（2）：282-290.

［28］段萌，王功鹏，牛常勇. 基于卷积神经网络的小样本图像识别方法［J］. 计算机工程与设计，2018（1）：224-229.

［29］Glorot X，Bengio Y. Understanding the difficulty of training deep feedforward neural networks［J］. Journal of Machine Learning Research，2010，9：249-256.

［30］Vedaldi A，Lenc K. MatConvNet：convolutional neural networks for MATLAB［C］//ACM International Conference on Multimedia，ACM，2015：689-692.

［31］赵凯旋，何东健. 基于卷积神经网络的奶牛个体身份识别方法［J］. 农业工程报，2015，31（5）：181-187.

第10章
基于 ZigBee 和 Android 的牛舍
环境远程监测系统设计

随着人们生活水平不断提高和膳食结构的变化，对畜产品数量、质量的需求也不断提高，肉、蛋、奶等高蛋白畜禽产品在饮食结构中所占的比重逐渐加大。牛奶含有丰富的矿物质、钙、磷等元素，具有丰富的营养价值，已成为人类食物供应链的重要来源之一。在此机遇下，我国奶牛养殖业正处于从传统粗放型向现代化工厂模式的转变，规模养殖可以提升奶业综合生产力，但是规模化养殖对饲养管理方式提出更高的要求，规模越大，管理越精细，对奶牛场、牛舍内的环境要求也越高，因此必须依靠信息技术才能满足精细畜牧业发展的要求。

奶牛养殖的效益不仅取决于牛的品种和科学的饲养管理，还取决于牛的饲养环境。牛舍环境质量严重影响着牛的生产水平、健康状况等，保持适宜的牛舍环境愈加重要，也符合动物福利的要求。目前，国内主要采用人工控制的方法改变牛舍环境，生产效率低且无法满足当前养牛产业化需求。为了实时、可靠地采集牛舍环境信息，课题基于 ZigBee 无线传感器网络和 Android 平台，通过对牛舍环境因素采集传感器的选型，建立了牛舍环境信息传输网络，实现了 Android 手机端远程实时的监测牛舍环境的变化，可以保证牛只环境的健康，预防疾病降低饲养成本，使奶牛养殖经济最大化。

10.1 系统结构与功能

牛舍内环境指牛周围的小气候，包括温度、湿度、光照及空气质量等。空气质量由于受到牛的呼吸、生产过程及有机物的分解、室内水分蒸发等因素的影响，会产生大量二氧化碳、硫化氢、氨等有害气体。本系统利用物联网技术结合 Android 平台实现了牛舍环境远程监测，系统主要由牛舍环境信息采集传感器节点、协调器节点和远程 Android 监测终端组成，其总体结构如图 10-1 所示。通过利用温度、湿度、光照及 CO_2、NH_3、H_2S 等传感器技术，采集牛舍的环境因素，并由 STM32 微处理器将处理后的数据通过 ZigBee 网络传输到远程的 PC

机服务器，利用手机端的 APP 平台访问服务器，可以实时监测当前牛舍环境因素，并由监测结果对环境调节设备实施控制，可有效提高规模化奶牛场舍内的环境质量。

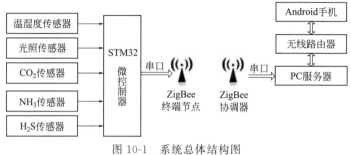

图 10-1　系统总体结构图

10.2　系统硬件设计

10.2.1　STM32 控制器

为了满足牛舍环境多传感器信息采集要求，保证采集终端稳定运行，系统采用 STM32F1 系列单片机中的 STM32F103RCT6 型号作为牛舍环境参数采集传感器的控制核心。STM32 是由 ST 公司研制的基于 ARM 的 Contex-M3 内核的32bit 微控制器，采用主流的冯·诺依曼硬件结构，有丰富的片上资源。

10.2.2　温湿度采集电路设计

系统选用 DHT11 传感器来测量温湿度，该传感器已经对输出的数字信号进行了校准，可靠性与稳定性极高。传感器采用单总线的串行通信方式，使硬件连线变得简单，使用起来较为方便。DHT11 传感器电路见图 10-2 所示。

10.2.3　光照度采集电路设计

适宜的光照能够促进奶牛的生长发育，增强奶牛的免疫力，同时对牛的生理机能也有重要的调节作用。牛舍一般以自然采光为主，也就是让光线通过牛舍的门窗或开露部分进入舍内。系统采用型号 GY30 光电式传感器，其基于 I^2C 协

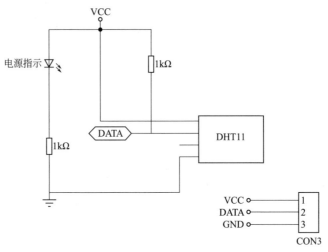

图 10-2　温湿度采集电路图

议，可以通过 SDA 引脚将数字信号传输出来。利用 STM32 自带的 I²C 引脚连接其 SCL 时序引脚，与 SDA 数据输入输出引脚连接。利用 STM32 官方提供的固件库和 GPIO 口模拟 I²C 协议，可以方便地获取传感器转化后的光照度数值，避免了繁琐的计算。光照采集电路见图 10-3 所示。

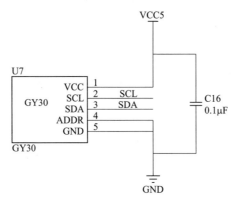

图 10-3　光照采集电路图

10.2.4　有害气体采集电路设计

在牛舍环境中，由于牛的呼吸、排泄及污物的腐败分解会产生一些对人、畜有害的气体，常见和危害较大的是二氧化碳、氨和硫化氢。这些有害气体对牛的危害是很大的，可导致生产性能下降，免疫力降低，诱发呼吸系统疾病，严重时可造成牛只死亡。有害气体中二氧化碳检测采用美国 GE 公司生产的 Telaire 红外吸塑型传感器 6004，其有模拟和数字两种输出方式，可以方便地和 STM32 控制器进行连接。氨气检测使用 MQ137 气体传感器，其对氨气的灵敏度高，成本较低。硫化氢检测选用 MQ136 传感器，其工作稳定，和控制器连接电路简单。

10.2.5　无线模块

ZigBee 是基于 IEEE 802.15.4 通信协议的局域无线网络通信技术，其功耗和成本较低，数据传输速率在 0～250Kb/s 之间。CC2530F256 芯片是 TI 公司基于 2.4G 无线局域网络收发的 ZigBee 产品。CC2530F256 芯片完全兼容 IEEE 802.15.4 无线通信协议，内置 IR 发生电路，有超低功耗的特点，内置增强型 MCS-8051 内核。选用 CC2530F256 作为 ZigBee 网络节点的核心处理器，可以提高系统的可靠性并降低节点功耗。

10.3　系统软件设计

系统通过温湿度、光照、气体等牛舍环境相关传感器采集数据，将牛舍环境数据通过 ZigBee 自组网发射模块发送到 ZigBee 接收模块，并在接收模块通过 RS232 串口将数据传送到 PC 机端。

Android 手机端则通过路由器访问 PC 端服务器的 IP 地址，进而实现 TCP 通信，并从客户端请求接收数据，最后通过手机端 APP 的 UI 界面能够实时显示牛舍环境的实时监测数据。因此系统软件主要分为 3 个部分来实现系统功能。

10.3.1　采集终端软件设计

采集终端软件使用 C 语言在 Keil 软件上编写。主要包括温湿度采集程序、光照采集程序、有害气体采集程序、ZigBee 通信协议的制定与初始化、STM32 串口通信程序。其中温湿度采集程序主要用来驱动 DHT11 温湿度模块正常工作，并获取其采集的牛舍环境温度与湿度值。光照采集程序主要利用 I^2C 协议完成对当前环境的光照度数据的采集。有害气体采集程序主要完成对 CO_2、NH_3、H_2S 相关传感器信号的处理。ZigBee 通信协议的制定与初始化主要用来规定传输数据的格式并完成 ZigBee 模块的初始化。STM32 串口通信程序主要完成系统各部分的初始化，其中包括对系统时钟进行初始化和对串口工作方式进行初始化，最终驱动串口使其能够正常工作，完成数据的传输。

10.3.2　PC 机端服务器软件设计

PC 机端服务器软件负责接收 STM32 采集的牛舍环境温湿度、光照、CO_2、

NH_3、H_2S 等数据，然后通过网络协议搭建起 TCP 网络服务器，将采集到的数据进行转发。主要包括串口数据采集与 TCP 网络服务器搭建，其软件程序流程见图 10-4 所示。

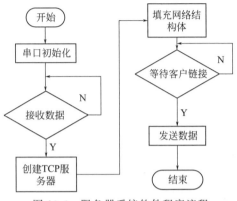

图 10-4　服务器系统软件程序流程

10.3.3　Android 手机端软件设计

Android 手机端软件设计主要包括 Android 开发环境搭建、登录界面设计、监测界面设计。其中开发环境搭建是 APP 软件完成的必要步骤，系统 APP 软件采用 Java 语言，开发工具选择 Eclipse 和 Android 插件，选用的 SDK 版本为 2.6。登录界面主要用来实现用户登录，及其用户信息的存储。监测界面则用来完成接收从服务器端发送来的数据，并实时更新 UI 界面控件，做到牛舍环境数据实时显示。Android 手机端监测系统流程见图 10-5 所示。

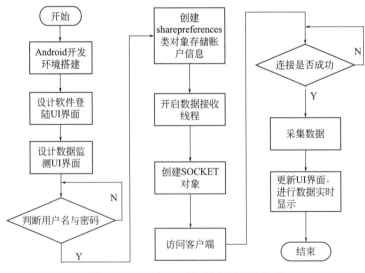

图 10-5　Android 手机端监测系统流程

10.4 系统测试 ◀◀◀

为了测试系统的实用性能，在南阳某牛舍为对牛舍内温湿度、光照、有害气体进行实际监测，结果如图 10-6 所示。测试结果表明，该系统能够准确采集牛舍环境参数，并能通过移动平台实时远程监测，从而为牛舍环境调节设备的控制提供依据。

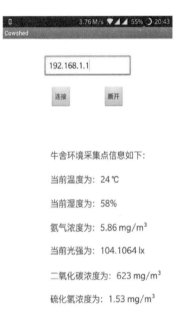

图 10-6　Android 手机端系统登录和监测结果

小结

① 针对精准养殖中牛舍环境信息的实时准确采集，设计了基于 ZigBee 和 Android 的牛舍环境实时远程监测系统。

② 良好的牛舍环境对奶牛的生产和繁殖起到至关重要的作用，系统实现了牛舍温湿度和有害气体含量信息的采集与处理。

③ 借助于无线传感器网络，实现了 Android 移动平台下牛舍环境信息的实时远程监测，克服了传统人工现场观测的种种弊端。

参 考 文 献

[1] 韩静, 王熙, 刘超, 等. 基于 PLC 的规模化养牛场无线智能环境采控系统研究[J]. 黑龙江八一农垦大学学报, 2016, 28(1): 88-92.

[2] 曹元军, 翟旭军, 崔勇. 基于无线传感和物联网的封闭式鸡舍环境测控系统[J]. 黑龙江畜牧兽医, 2014(21): 109-111.

[3] 李栋. 中国奶牛养殖模式及其效率研究[D]. 北京: 中国农业科学院, 2013.

[4] 曾成, 王超, 赵全明, 等. 基于嵌入式的牛舍环境参数监控系统[J]. 中国农机化学报, 2016, 37(5): 84-87.

[5] 王海彬, 王洪斌, 肖建华. 奶牛场的牛舍环境控制[J]. 黑龙江畜牧兽医, 2008(10): 101-102.

[6] 王廷江, 杨丽珊. 规模化奶牛场舍内环境监控系统设计——基于 ZigBee 技术[J]. 农机化研究, 2015(2): 210-213.

[7] 吴昊, 彭懋磊, 张亦梅. 基于 STM32 和 ZigBee 的台站观测环境监测系统设计[J]. 物联网技术, 2016, 6(11): 54-56.

[8] 孟立凡, 蓝金辉. 传感器原理与应用[M]. 北京: 电子工业出版社, 2011. 12: 57-62.

[9] 姜仲, 刘丹. ZigBee 技术与实训教程[M]. 北京: 清华大学出版社, 2014.

[10] 严冬, 李瑛, 李景林. 基于 STM32 的无线光照传感器节点的设计[J]. 物联网技术, 2014(2): 16-18.

[11] 罗富财. 基于 Android 平台的蓝牙通信系统的研究与实现[D]. 保定: 华北电力大学, 2013.

第11章
奶牛发情爬跨行为无线监测系统研究与设计

奶牛养殖业是中国农民增收、农业增效重要产业，近年来得到了快速的发展。在奶牛养殖中，及时准确地监测奶牛发情并适时配种可以最大限度地缩短产犊间隔，提高产奶效率和繁殖效率，同时还可控制奶牛疾病的发生，对增加养殖经济效益具有重要作用。本研究围绕奶牛发情时的爬跨行为，基于单片机控制器，借助于手机 APP 和无线压力监测系统，实现了对奶牛发情时背部和尾部爬跨压力的实时无线监测，从而使养殖管理人员能够及时干预发情奶牛，提高奶牛的受胎率。

11.1 奶牛发情爬跨行为 ◄◄◄

奶牛出现初情期后，除妊娠及分娩后28d内，正常奶牛均会周期性地出现发情。荷斯坦奶牛的发情周期平均为21d（18～24d）。从上一次发情开始到下一次发情开始之间的时间称为一个发情周期。发情奶牛与非发情奶牛在爬跨次数、被爬跨次数、运步次数等几个方面差异非常明显，发情中的奶牛外表兴奋、敏感躁动、活动量明显增加，是常牛的5倍以上，发情症状明显。同时其后肢叉开并举尾，爬跨他牛或"静立"接受他牛爬跨，同时会伴有食欲减退和产奶量下降。

通过奶牛发情鉴定，可以准确预判奶牛发情和预测排卵时间，以便确定配种适期，及时进行配种或人工授精，从而达到提高受胎率的目的。通过监测发情是否正常还能有效地进行疫病监控和预防。

11.2 爬跨压力无线监测系统硬件设计 ◄◄◄

奶牛发情时出现爬跨行为并不总是发生的，为了及时有效地对奶牛地发情爬跨行为进行实时监测，采用微控制器和压力监测模块，借助于无线网络和开发的手机压力监测 APP 系统，设计了压力无线监测系统的硬件。为了节约经济成本，达到满足系统基本要求即可，采用 AT89C52 单片机作为控制器。用薄膜压力传感器采集奶牛背部和尾根部压力信号，同时用温湿度传感器采集奶牛外围环境信息，并由单片机进行数据处理后，显示在 OLED 液晶显示屏上。同时用单片机将采集到的压力信号、环境温湿度进行处理，通过 ESP8266 WIFI 模块发出，用手机 APP 进行实时监测并显示。单片机控制的压力信号采集终端主要实现压力信号、环境温湿度的采集并显示，手机 APP 实现压力和环境信息的远程实时监测，从而提示奶牛养殖管理人员进行及时干预。压力无线监测系统总体设计见图 11-1。

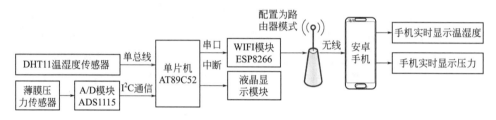

图 11-1 压力无线监测系统总体设计框架

11.2.1 压力监测传感器设计

为了实现奶牛爬跨时压力的监测，在压力传感器的选型问题上，首先确保材质，由于压力接收装置直接和奶牛皮肤接触，不能是尖锐和比较硬的材质，并且当传感器被爬跨挤压变形时保证能够监测到真实可靠的压力。其次要考虑系统供电电压，选择的主控制器 AT89C52 单片机供电电压是＋5V，市面上常用的工业压力传感器一般供电电压是＋12V 或＋24V，且其材质和精度在监测奶牛爬跨压力的时候均不适用。

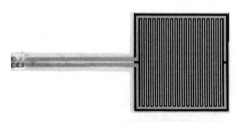

图 11-2 RFP 薄膜式压力传感器

综合上述两个因素选用如图 11-2 薄膜式压力传感器。该传感器材质是质地比较柔软的薄膜，奶牛接触时不会感到不适，同时该压力传感器能够测量任何接触面的静态、动态压力，即使在严重挤压的情况下薄膜传感器也不会变形影响测量。

该薄膜传感器承重受力时其电阻值发生变化，压力越大，传感器输出的电阻越小。需要经过 RFP-ZHII 电阻电压转换模块将压力信号转换成电压模拟量传输给单片机进行处理，功能引脚如图 11-3 所示。它配合 RFP 薄膜式压力传感器一起使用，当模块供电电压为＋5V 时，经过多次测量得出图 11-4 所示的薄膜压力承重载荷与转换模块输出电压的关系。由图中可以看出：输出电压和承重载荷成线性关系，因此可以通过薄膜压力传感器来监测奶牛发情爬跨压力。

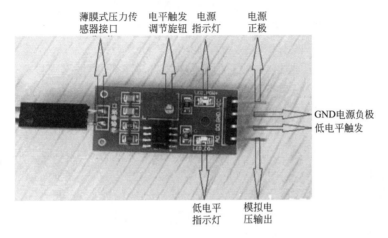

图 11-3　RFP-ZHII 电阻电压转换模块

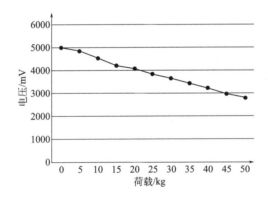

图 11-4　转换模块电压-荷载曲线

11.2.2　模数转换模块设计

为了实现压力传感器转换模块 RFP-ZHII 输出电压处理，A/D 模块选用了 ADS1115，该模块为＋5V 电源供电，具有 16 位分辨率，采用超小型的无引线 MSOP-10 封装。其精度高、功耗低，数据通过 I^2C 接口进行传输，可以较方便地与单片机主控制器进行连接。

11.2.3 无线通信模块设计

为了实现爬跨压力的手机移动端监控，采用 Ai-Thinker 公司的 ESP8266 模块进行无线通信。该模块功能丰富，片内高度集成，需要外部电路极少，其和单片机主控制器接线电路见图 11-5。其中"1"号引脚接 +3.3V 电源；"2"号引脚是接收数据端接单片机的发送端"P3-0"；"3"号引脚接复位端；"5"号引脚接"上拉电阻"；"7"号引脚接单片机的接收端"P3-1"；"8"号引脚接地。

11.2.4 温湿度采集模块设计

系统采用 DHT11 数字型温湿度传感器来检测奶牛养殖场温湿度信息并发送给单片机进行处理和显示，DHT11 和 AT89C52 单片机连接比较简单。如图 11-6 所示，DHT11 为 4 针单排引脚封装，采用单总线串行数据通信与单片机的 P3.4 口连接，上拉电阻 4.7kΩ 起到信号稳定的作用，其电源端口 Pin1 和 Pin4 分别接 VCC、GND。其第三脚悬浮放置。

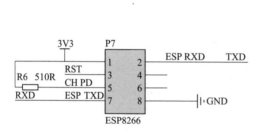

图 11-5　ESP8266WIFI 模块接线电路

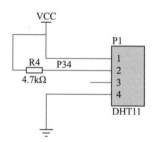

图 11-6　DHT11 接口电路

11.2.5 供电系统设计

硬件系统各个模块供电电压有 +5V 和 +3.3V 两种，ESP8266 无线模块需要 +3.3V 的电源。系统外接 +5V 直流电源，采用 ASM1117-3.3V 的稳压芯片将 +5V 转换为 +3.3V。+3.3V 供电电压转换电路板见图 11-7。

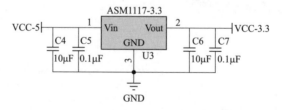

图 11-7　ASM1117-3.3V 电压转换电路

11.2.6　系统硬件实物

在爬跨压力无线监测系统中，为了实现了奶牛养殖环境的温湿度监测，系统借助于 DHT11 数字型温湿度传感器实现奶牛养殖场环境温湿度的智能化监测。同时为了在终端控制器上及时显示采集信息，选择 0.96 寸 OLED 液晶屏显示温湿度、压力信号。设计的系统硬件电路板见图 11-8。

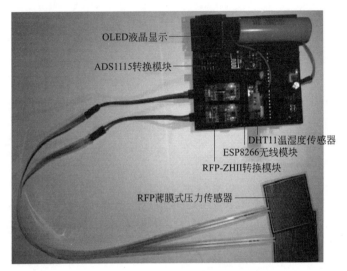

图 11-8　压力采集系统硬件电路板实物

11.3　爬跨压力无线监测系统软件设计　◀◀◀

在压力采集系统硬件基础上，完成了系统压力采集终端控制程序和上位机 Android 手机平台 APP 程序设计。软件系统主要包括 ESP8266 WIFI 通信程序、薄膜压力传感器采集处理程序、DHT11 温湿度传感器采集处理程序、ADS1115 转换程序、OLED 液晶显示程序以及手机 APP 压力监测系统的开发。

11.3.1　系统主程序设计

系统主程序主要完成整个系统初始化、环境温湿度、压力数据采集并在 OLED 液晶屏上显示，并负责通过 ESP8266 WIFI 无线模块将数据发送到开发的手机压力监测 APP 上。主程序流程见图 11-9。

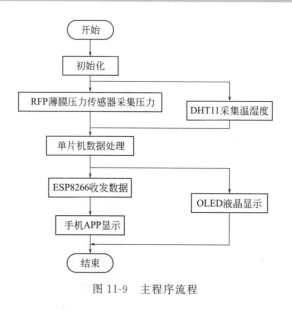

图 11-9　主程序流程

11.3.2　压力采集程序设计

薄膜式压力传感器主要监测奶牛发情时的爬跨压力。当传感器压力感应区域受到爬跨受力时其薄膜电阻会发生变化，导致其 A/D 转换模块的输出电压发生变化，程序流程见图 11-10。

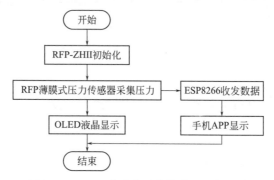

图 11-10　RFP 薄膜式压力传感器程序流程

11.3.3　手机 APP 压力监测设计

奶牛爬跨压力监测以及环境温湿度监测的 APP 开发平台为 Eclipse ＋ Android SDk，采用 JAVA 编程语言。手机 APP 压力监测程序主要包括 TCP 通信初始化、APP 的 UI 界面设计以及压力和温湿度接收数据的处理。手机 APP 客户端和服务器中通信主要通过 Socket 套接字实现。TCP 服务器以及客户端程序通信流程见图 11-11。

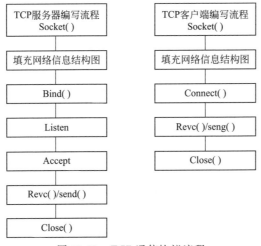

图 11-11　TCP 通信协议流程

11.4 系统测试

通过捆绑将奶牛压力无线监测系统固定于奶牛尾巴根部，监测 APP 安装的移动平台为小米 MI 5X 手机，操作系统为 Android 7.1.2。通过如图 11-12 所示的手机 APP 登录界面登录后，终端 ESP8266 WIFI 模块连接稳定，发送数据及时且准确，手机 APP 显示的环境温湿度以及奶牛背部和尾部的压力数据见图 11-13。由运行结果可以看出，开发的奶牛发情爬跨压力监测系统能够实现奶牛发情时爬跨压力的无线实时监测。

图 11-12　APP 登录界面　　　　图 11-13　手机 APP 压力监测显示

小结

① 依据奶牛发情爬跨行为提出并设计了基于 Android 的奶牛发情爬跨行为无线压力监测系统。

② 设计了接触式、低功耗的压力监测模块，采用的薄膜式压力采集传感器可以比较方便地粘贴固定于奶牛背部和尾部，奶牛应激反应比较小。

③ 基于移动平台 Android 系统开发了爬跨压力监测的人机交互界面，实现了奶牛发情爬跨时压力的远程实时监测。

参 考 文 献

[1] 陈长喜，张宏福，王兆毅，等. 畜禽健康养殖预警体系研究与应用[J]. 农业工程学报，2010，26(11)：215-220.

[2] 寇红祥，赵福平，任康，等. 奶牛体温与活动量检测及变化规律研究进展[J]. 畜牧兽医学报，2016，47(7)：1306-1315.

[3] 孙洪章，于金凤. 奶牛发情周期的界定与调节[J]. 农村实用科技信息，2008(7)：35-37.

[4] 曹光明. 提高奶牛受胎率的技术措施[J]. 农家参谋，2010(7)：19-19.

[5] 蒋晓新，卫星远，邓双义，等. 北方季节对荷斯坦奶牛步履数与发情周期相关性研究[J]. 黑龙江畜牧兽医，2014(7 上)：84-86.

[6] 刘忠超，翟天嵩. 基于 AT89C51 的建筑场地数字化分类仪的设计[J]. 自动化与仪表，2011，26(8)：30-32，57.

[7] 刘忠超，范伟强，张会娟，等. 基于 Android 的奶牛体温实时远程监测系统的设计[J]. 黑龙江畜牧兽医，2017(23)：6-9，283.

[8] 刘忠超，范伟强，常有周，等. 基于 ZigBee 和 Android 的牛舍环境远程监测系统设计[J]. 黑龙江畜牧兽医，2018(17)：61-64，234.